高等职业教育土木建筑类新形态一体化教材

建设工程监理概论

（第四版）

主编　郝佳宁　周和荣

高等教育出版社·北京

内容提要

本书是在"十二五"职业教育国家规划教材的基础上修订而成的。本书根据我国建设工程管理的法律法规、技术标准和建设工程监理制度的有关规定,针对高职高专建筑工程技术专业及工程管理类专业培养目标中对建设工程监理课程知识和能力的要求编写而成。本书结合工程项目监理的实践,比较全面地阐述了建设工程监理的基本任务、方法和手段,具有较强实践性、针对性和实用性。全书共8章,包括建设工程监理与相关法规、建设工程项目管理与监理的任务、监理工程师和建设工程监理企业、建设工程监理组织、建设工程施工前期的监理服务、建设工程施工阶段的监理、建设工程监理工作文件、国外建设工程项目管理与我国建设监理制度。本书针对重点、难点的知识点配有微课、教学课件等资源,视频类资源可直接扫描书中二维码观看,授课教师如需要教学课件资源,可发送邮件至 *gztj@ pub.hep.cn* 索取。

本书可作为高等职业教育院校建筑工程技术专业及工程管理类专业的教材,也可作为成人教育及相关工程人员的培训和参考教材。

图书在版编目(CIP)数据

建设工程监理概论/郝佳宁,周和荣主编.--4 版
.--北京:高等教育出版社,2022.8
ISBN 978-7-04-056889-9

Ⅰ.①建… Ⅱ.①郝… ②周… Ⅲ.①建筑工程-监理工作-高等职业教育-教材 Ⅳ.①TU712.2

中国版本图书馆 CIP 数据核字(2021)第 178404 号

JIANSHE GONGCHENG JIANLI GAILUN

策划编辑 刘东良	责任编辑 刘东良	封面设计 张 志	版式设计 马 云
责任校对 刁丽丽	责任印制 田 甜		

出版发行	高等教育出版社	网 址	http://www.hep.edu.cn
社 址	北京市西城区德外大街 4 号		http://www.hep.com.cn
邮政编码	100120	网上订购	http://www.hepmall.com.cn
印 刷	北京鑫海金澳胶印有限公司		http://www.hepmall.com
开 本	787mm×1092mm 1/16		http://www.hepmall.cn
印 张	12.5	版 次	2005 年 7 月第 1 版
字 数	290 千字		2022 年 8 月第 4 版
购书热线	010-58581118	印 次	2022 年 8 月第 1 次印刷
咨询电话	400-810-0598	定 价	36.80 元

本书如有缺页、倒页、脱页等质量问题,请到所购图书销售部门联系调换
版权所有　侵权必究
物 料 号　56889-00

第四版前言

建设工程监理概论是建筑工程技术专业及工程管理类专业的重要课程,是建设工程监理专业学生的专业核心课程,同时也是注册监理工程师考试的科目之一。

本次修订,认真遵照《建设工程监理规范》(GB/T 50319—2013)、《建筑工程施工质量验收统一标准》(GB 50300—2013)、《建设工程工程量清单计价规范》(GB 50500—2013)、《建设工程施工合同(示范文本)》(GF—2017—0201)、《建设工程文件归档规范》(GB/T 50328—2014,2019 年版)等最新标准、规范规定,着重修正了建设工程监理的性质,我国建设工程监理的发展趋势,现代信息技术下的信息管理,监理工程师的执业特点、报考条件和考试内容,一般监理人员的组成、分类及职责范围,监理企业的业务范围等相关内容。

除此之外,还将最新《建设项目职业病防护设施"三同时"监督管理办法》(安监总局令第 90号)及相关内容替换原有的《建设项目职业卫生"三同时"监督管理暂行办法》(安监总局令第 51号)及相关内容;将最新《固定资产投资项目节能审查办法》(发展改革委 2016 年第 44 号令)及相关内容替换原有的《固定资产投资项目节能评估和审查暂行办法》(发展改革委 2010 年第 6号令)及相关内容;将最新《危险性较大的分部分项工程安全管理规定》(住建部令〔2018〕37 号)及相关内容替换原有的《危险性较大的分部分项工程安全管理办法》(建质〔2009〕87 号)及相关内容;将《建设项目环境保护管理条例》按照 2017 年修订版相关内容替换原有内容;将最新《建筑施工场界环境噪声排放标准》(GB 12523—2011)及相关内容替换原有《建筑施工场界噪声限值》(GB 12523—1990)及相关内容;将最新《建设工程文件归档规范》(GB/T 50328—2014,2019年版)及相关内容替换原有《建设工程文件归档整理规范》(GB/T 50328—2001)及相关内容等。

本书自 2005 年出版以来,历经多次修订,2007 年被评为普通高等教育"十一五"国家级规划教材;第三版于 2014 年入选"十二五"职业教育国家规划教材。本次修订为第四版,是为了适应新时代背景下读者对教材形式的需求,结合信息化技术的传播优势,纸质传统载体与网络信息传输相互结合,除了对相关的文本进行修订以外,着重对教材进行了数字化课程资源的改造,提供了教学用 PPT 及微课视频,读者可以通过扫描知识点对应位置的二维码,生动直观地观看老师对课程知识点的讲解,增强学习兴趣、提高学习效率。

本次修订及数字化课程资源改造由郝佳宁、周和荣担任主编。郝佳宁完成第 1、2 章修订;王莉完成第 3、4 章修订;谢静完成第 5、6 章修订;向伟完成第 7、8 章修订。参与修订的人员均为四川建筑职业技术学院的一线教师,教学与工程实践经验丰富。本次修订还得到了华西集团四川省第一建筑有限公司谭兵、天邦建设项目管理有限公司王东、中科思成建设集团董齐云等企业专家、领导的支持和帮助,在此对他们参与其中并提出的宝贵意见和建议表示衷心感谢。

在本书的修订过程中,参考了国内外建设监理方面的大量书籍和规范、标准等文件,得到了有关工程管理企业和施工企业的支持和帮助,但由于修订时间仓促,编者水平有限,书中难免存在不足之处,敬请读者、同行批评指正。

编　者

2022 年 3 月

第三版前言

本书首次出版于 2005 年，当时书名为《建筑工程监理概论》，2007 年进行了修订，书名改为《建设工程监理概论》。

《建设工程监理概论》(第二版)自 2007 年 7 月出版发行以来，受到使用学校及读者的好评，并被评为普通高等教育"十一五"国家级规划教材。出版至今已经 6 年多，随着监理行业相关法规及标准的更新，结合我国监理行业发展的实际情况，与时俱进地进行必要的修订势在必行。

在本版中，除了一般的文字修订以外，主要更新的内容有：

1. 增补了最新法规对建设工程监理的要求。包括《建设工程监理规范》(GB/T 50319—2013)、《建设工程施工合同(示范文本)》(GF—2013—0201)、《建设工程工程量清单计价规范》(GB 50500—2013)等标准规范。

2. 进一步强调了对施工安全承担监理责任后监理工作内容由传统的"三控两管一协调"转变为"三控三管一协调"的理念和认识，细化了安全生产监理的相关内容。

3. 在"建设工程施工前期的监理服务"中增加了相应的行政许可法规内容。

4. 在"建设工程施工阶段的监理"中增加"施工阶段其他监理服务"一节，讲述关于环境保护监理、节能监理、绿色施工监理等新的监理服务内容。

5. 根据我国建设工程监理制实施 20 多年来的实际情况，以及国家对建设监理制的导向，对"8.3 我国建设监理制度的发展"一节进行修订，强调建设工程监理是建设工程管理的一种形式，以期从更高层面认识建设工程监理制度及其发展。

本书由周和荣主编，四川明清工程咨询有限公司高级工程师、监理工程师徐金根参与了第 3 章和第 4 章的修订，四川省第七建筑工程公司张健高级工程师参与了第 6 章的修订。

在本书的修订过程中参考了国内外建设监理方面的大量书籍和资料，得到了有关监理企业和施工企业的支持与帮助，在此对各位同行以及资料的作者深表谢意。

限于编者经验和水平，不妥之处在所难免，欢迎读者、同行批评指正。

编　者
2014 年 7 月

第二版前言

在建设领域推行工程建设监理制度,是深入进行建设管理体制改革,建立和完善社会主义市场经济体制的重要措施之一。我国建设工程监理制度自 1988 年开始,已经经历了准备阶段(1988 年)、试点阶段(1989—1992 年)、稳步发展阶段(1993—1995 年)及全面推广阶段(1996 年至今)四个发展阶段,对提高工程质量、加快工程进度、降低工程造价、提高经济效益,发挥了重要的作用,监理已成为工程建设中不可缺少的重要环节。同时,在建设工程监理制度的理论研究、法规建设方面,也有了长足的进展。

2005 年,国家"十一五"发展规划首次提出了"安全发展"的新理念,安全监理责任、建设工程环境影响评价、安全设施"三同时"等内容,已成为我国监理制度的新元素。工程量清单计价的全面推行,同样对监理的投资控制带来了新影响。

随着监理制度的发展,不少高职学生进入监理行业就业,监理员——作为监理企业最基层的技术岗位,成为他们的第一职业定位,在全面认识监理制度的基础上,了解监理员的职业资格要求,熟悉监理员的基本工作内容和方法,是其基本要求。

近年来,国际上工程项目管理理论研究不断翻新,新的建设工程管理模式不断推出,我国加入 WTO 后,如何与国际市场接轨,是我国的建设工程监理不得不面临的新挑战。

正是在这种形势下,编写一本新的,既能全面阐述建设工程监理制的基本概念,又能指导工程监理实践,并兼顾监理制的发展趋势的教材,很有必要。

本书依据我国建设工程管理的法律法规、技术标准和建设监理制度的相关规定,在现有建设工程监理理论的基础上,结合工程项目监理的实践认识,比较全面地阐述了建设工程监理的基本任务、方法和手段。教材遵循"必需够用"的原则,内容力求知识性和实践性相结合,避免过多的理论概念,突出职业教育的针对性和实用性,以满足土木工程类专业、工程管理类专业和工程建设领域其他专业学生学习的需要。教材共 8 章,其中第 5 章"建设工程施工前期的监理"和第 8 章"国外建设工程项目管理与我国建设监理制度"作为选学内容,在教学中可根据实际情况确定讲授或学生自学。

本书由四川建筑职业技术学院副教授、国家注册监理工程师周和荣编写。四川建筑职业技术学院胡兴福教授审阅了本书,提出了许多宝贵意见。在本书的编写过程中参考了国内外建设监理方面的大量书籍和资料,在此一并向各位同行及资料的作者深表谢意。

由于编者经验和水平所限,不妥之处在所难免,欢迎读者、同行批评指正。

编　者
2007 年 1 月

第一版前言

建设领域推行建设工程监理制度,是深入进行建设管理体制改革,建立和完善社会主义市场经济体制的重要措施。我国自 1988 年实行建设工程监理制度以来,建设工程监理制不但在工程实践中得到了长足的发展,对提高工程质量,加快工程进度,降低工程造价,提高经济效益发挥了重要的作用,而且在其理论研究、法规建设方面,也呈现出良好的发展态势。尤其是 1977 年以来,随着《中华人民共和国建筑法》的颁布和实施,以及一系列行政法规和部门规章的出台,使社会各界对建设工程推行监理制已经从逐步理解认可发展到全面推行实施。

近年来,一方面,《建设工程监理规范》(GB 50319—2000)、《房屋建筑工程施工旁站监理管理办法(试行)》的发布,《建设工程施工合同(示范文本)》和《建设工程委托监理合同(示范文本)》的修订,进一步规范了建设工程监理制的运行;另一方面,建设工程竣工备案制度的实施,新版建筑工程质量验收规范的施行,又使建设工程监理制在实践中不断地改革、发展。与此同时,国际上工程项目管理理论研究的深入,新的建设工程管理模式的不断推出,加入 WTO 后全球经济一体化的进程,都使我国的建设工程监理制面临新的挑战。

在这种形势下,编写一本反映建设工程监理制的概貌、现状和未来发展趋势,并适应高职高专教育需要的教材,就变得很有必要。

本教材依据我国工程建设管理的法律法规和建设工程监理制度的相关规定,在现有建设工程监理理论的基础上,结合工程项目监理的实践认识,比较全面地阐述了建设工程监理的基本任务、方法和手段。教材内容上力求知识性和实践性的结合,避免过多的理论概念,突出职业教育的针对性和实用性,以满足土木工程类专业、工程管理类专业和工程建设领域其他专业学生学习的需要。教材共八章,其中第 5 章建设工程施工前期的监理和第 8 章国外建设工程项目管理作为选学内容,在教学中可根据实际情况确定教师讲授或学生自学。

四川建筑职业技术学院胡兴福副教授审阅了本书。编写过程中,周筱丽老师在资料的搜集整理、文稿的编排方面做了大量工作。在此一并表示感谢。

在本书的编写过程中参考了国内外建设工程监理方面的大量书籍和资料,在此对各位同行以及资料的作者深表谢意。

由于编者经验和水平有限,书中难免存在疏漏或不妥之处,望读者批评指正。

编　者

2005 年 2 月

目　　录

第1章

建设工程监理与相关法规

1.1 建设工程监理的基本概念

1.1.1 建设工程监理的一般概念

所谓监理,顾名思义,就是监控督导、督查梳理、监督管理的意思。具体地说,监理是指有关监理组织或监理执行者接受事主的委托,对某一行为或一些相互交错和相互协作的行为,依据一定的行为准则,进行监督、监控、评价、约束、组织、协调和疏导,使行为符合准则的要求,促使有关人员的行为更准确、更合理、更完整地达到预期的目标。

建设工程监理是指对工程建设参与者的行为所进行的监控、督导和评价,并采取相应的管理措施,保证建设行为符合国家法律、法规和有关政策,制止建设行为的随意性和盲目性,促使建设进度、造价、质量按计划(合同)实现,确保建设行为的合法性、科学性、合理性和经济性。因此,建设项目监理不是简单的施工"监工",而是贯穿于工程项目建设的全过程,包含着内容极其广泛的项目建设的监督和管理工作,从法律意义上看,具有依法监理、依法管理的含义。

我国的建设工程监理,与世界发达国家和地区的工程咨询、工程顾问相类似。我国将咨询、顾问、监督、梳理合称为监理,一般包括项目前期决策(调研、评估)、项目设计、项目实施(招标、施工)、项目验收等工作内容,具有顾问、参谋和监督实施等职责,其含义与国际上的通常称法相似,但外延扩展、内涵更充实。

综上所述,在我国,所谓建设工程监理,是指工程监理单位受建设单位委托,根据法律法规、工程建设标准、勘察设计文件及合同,在施工阶段对建设工程质量、进度、造价进行控制,对合同、信息进行管理,对工程建设相关方面的关系进行协调,并履行建设工程安全管理法定职责的服务活动。

建设单位,也称为业主、项目法人,是委托监理的一方。建设单位在工程建设中拥有确定建设工程规模、标准、功能,以及选择勘察、设计、施工、监理单位等工程建设中重大问题的决定权。

工程监理单位是指取得企业法人营业执照,具有监理资质证书的依法从事建设工程监理业务活动的经济组织。

1.1.2 建设工程监理的基本要点

1. 建设工程监理的行为主体

《中华人民共和国建筑法》(2019年修正,以下简称《建筑法》)明确规定,实行监理的建

建设工程
监理的一
般概念

工程监理
的基本要
点

1

设工程,由建设单位委托具有相应资质条件的工程监理企业实施监理。这表明,建设工程监理的行为主体是具有相应资质的工程监理企业,而不是监理工程师个人,这是我国建设工程监理制度的一项重要规定。

建设工程监理不同于建设行政主管部门的监督管理。后者的行为主体是政府部门,它具有明显的强制性,是行政性的监督管理,它的任务、职责、内容不同于建设工程监理。

同样,总承包单位对分包单位的监督管理也不能视为建设工程监理。

2. 建设工程监理实施的前提

《建筑法》明确规定,建设单位与其委托的工程监理企业应当订立书面建设工程委托监理合同,即建设工程监理只有经建设单位委托和授权,明确了监理的范围、内容、权利、义务和责任的情况下,工程监理企业才能合法地开展建设工程监理,并在规定的范围内行使管理权。

承建单位根据法律、法规的规定和它与建设单位签订的有关建设工程合同的规定接受工程监理企业对其建设行为进行的监督管理,接受并配合监理是其履行合同的一种行为。

3. 建设工程监理的依据

建设工程监理的依据有:

（1）工程建设文件

其包括:批准的可行性研究报告、建设项目选址意见书、建设用地规划许可证、建设工程规划许可证、批准的施工图设计文件、施工许可证等。

（2）有关的法律、法规、部门规章和标准

其包括:《中华人民共和国建筑法》《中华人民共和国民法典》《中华人民共和国招标投标法》《中华人民共和国安全生产法》《建设工程质量管理条例》《建设工程安全生产管理条例》《中华人民共和国招标投标法实施条例》等法律法规,《工程建设监理规定》等部门规章,以及地方性法规,也包括《建设工程监理规范》(GB/T 50319—2013)和有关的工程技术标准等。

（3）建设工程委托监理合同和有关的建设工程合同

工程监理企业应当根据两类合同,即工程监理企业与建设单位签订的建设工程委托监理合同和建设单位与承建单位签订的有关建设工程合同、材料设备采购合同等进行监理。

4. 建设工程监理的范围

建设工程监理范围可以分为监理的工程范围和监理的建设阶段范围。

（1）工程范围

为了有效发挥建设工程监理的作用,加大推行监理的力度,根据《建筑法》,国务院公布的《建设工程质量管理条例》对实行强制性监理的工程范围做了原则性的规定,建设部又进一步在《建设工程监理范围和规模标准规定》中对实行强制性监理的工程范围做了具体规定。下列建设工程必须实行监理:

① 国家重点建设工程　依据《国家重点建设项目管理办法》所确定的对国民经济和社会发展有重大影响的骨干项目。

② 大中型公用事业工程　项目总投资额在 3 000 万元以上的供水、供电、供气、供热等市政工程项目;科技、教育、文化等项目;体育、旅游、商业等项目;卫生、社会福利等项目;其他公用事业项目。

③ 成片开发建设的住宅小区工程　建筑面积在 5 万平方米以上的住宅建设工程。

④ 利用外国政府或国际组织贷款、援助资金的工程　包括使用世界银行、亚洲开发银行等国际组织贷款资金的项目;使用国外政府及其机构贷款资金的项目;使用国际组织或国外政府援助资金的项目。

⑤ 国家规定必须实行监理的其他工程　项目总投资额在 3 000 万元以上关系社会公共利益、公众安全的交通运输、水利建设、城市基础设施、生态环境保护、信息产业、能源等基础设施项目,以及学校、影剧院、体育场馆项目。

（2）阶段范围

建设工程监理可以适用于工程建设投资决策阶段和实施阶段,但目前主要是建设工程的施工阶段。

1.1.3　建设工程监理的性质

建设工程
监理的性
质

1. 服务性

建设工程监理是一种高智能的有偿技术服务活动。它是监理人员利用自己的工程建设知识、技能和经验、信息以及必要的试验、检测手段,为建设单位提供管理服务。它既不同于承建商的直接生产活动,也不同于建设单位的直接投资活动,它不向建设单位承包工程,也不参与承包单位的利益分成,它获得的是技术服务性的报酬。

工程监理企业不能完全取代建设单位的管理活动。它不具有工程建设重大问题的决策权,它只能在授权范围内代表建设单位进行管理。

2. 科学性

建设工程监理的目的和任务决定了实施监理必须采用科学的思想、理论、方法和手段,主要表现在:工程监理企业应当由组织管理能力强、工程建设经验丰富的人员担任领导;应当有足够数量的、有丰富的管理经验和应变能力的监理工程师组成的骨干队伍;要有一套健全的管理制度;要有现代化的管理手段;要掌握先进的管理理论、方法和手段;要积累足够的技术、经济资料和数据;要有科学的工作态度和严谨的工作作风,要实事求是、创造性地开展工作。

3. 独立性

《建筑法》明确指出,工程监理企业应当根据建设单位的委托,客观、公正地执行监理任务。《建设工程监理规范》要求工程监理企业按照"公平、独立、诚信、科学"的原则开展监理工作。在委托监理的工程中,与承建单位不得有隶属关系和其他利害关系,在开展工程监理的过程中,必须建立自己的组织,按照自己的工作计划、程序、流程、方法、手段,根据自己的判断独立地开展工作。

4. 公平性

国际咨询工程师联合会(FIDIC)《土木工程施工合同条件》(红皮书)自 1957 年第一版发布以来,一直都保持一个重要原则,要求(咨询)工程师"公正"(Impartiality),即不偏不倚地处理施工合同中有关问题,该原则也成为我国工程监理制度建立初期的一个重要性质。然而,在 FIDIC《土木工程施工合同条件》(1999 年第一版)中,(咨询)工程师的公正性要求不复存在,而只要求"公平"(Fair)。(咨询)工程师不充当调解人或仲裁人的角色,只是接受业主委托负责进行施工合同管理。

尽管目前的 FIDIC《土木工程施工合同条件》要求(咨询)工程师保持"中立"(Neutral),

我国工程监理单位受建设单位委托实施建设工程监理,也无法成为公正或不偏不倚的第三方,但需要公平地对待建设单位和施工单位。公平性是建设工程监理行业能够长期生存和发展的基本职业道德准则。特别是当建设单位与施工单位发生利益冲突或者矛盾时,工程监理单位应以事实为依据,以法律法规和有关合同为准绳,在维护建设单位合法权益的同时,不能损害施工单位的合法权益。例如,在调解建设单位与施工单位之间争议,处理费用索赔和工程延期、进行工程款支付控制及结算时,应尽量客观、公平地对待建设单位和施工单位。

1.1.4　建设工程监理的原则

建设工程监理的原则:

① 监理工作以委托监理合同为依据,实施监理前必须签订书面合同。

② 工程建设监理应实行总监负责制。在项目监理中,总监理工程师全权负责项目监理对外的协调,对内的管理。

③ 公平、独立、诚信、科学地开展监理工作,维护建设方与不损害施工方的合法权益。做到严格监理、热情服务、秉公办事、一丝不苟、廉洁自律。

④ 建设单位与承包单位之间,有关建设工程合同的联系活动应通过监理单位进行,这有助于明确建设工程各方的责任,保证监理单位独立,公平地开展监理工作,避免出现不必要的合同纠纷。

⑤ 被监理单位必须接受监理。这是我国建设管理制度的规定和建设监理委托合同中所明确的。

⑥ 严格质量保证责任,建设工程项目都应实行"政府监督、社会监理、企业自检"的质量保证体系。社会监理的实施,并不取代建设方和承建方按法律法规规定的应承担的质量责任。

1.1.5　建设工程监理的作用

建设单位的工程项目实行专业化、社会化管理在国外已有一百多年的历史,现在越来越显现出强大的生命力,在提高投资的经济效益方面发挥了重要作用。我国实施建设工程监理的时间虽然不长,但已经发挥出明显的作用,为政府和社会所承认。建设工程监理的作用主要表现在以下几方面:

1. 有利于提高建设工程投资决策科学化水平

在工程投资决策阶段,工程监理通过协助建设单位选择适当的工程咨询机构;对咨询结果(如项目建议书、可行性研究报告)进行评估,提出有价值的修改意见和建议;或者直接从事工程咨询工作,为建设单位提供建设方案等工作。不仅可使项目投资符合国家经济发展规划、产业政策、投资方向,而且可使项目投资更加符合市场需求,提高项目投资决策的科学化水平。

2. 有利于规范工程建设参与各方的建设行为

工程建设参与各方的建设行为都应当符合法律法规的要求。政府首先要对工程建设参与各方的建设行为进行全面的监督管理。但政府的监督管理不可能深入到每一项建设工程的具体实施过程中,而建设工程监理这种约束机制贯穿于工程建设的全过程,不但可以有效地规范承建单位的建设行为,也可以规范建设单位因不熟悉或不了解建设工程有关的法律法规而发生的不当建设行为。

3. 有利于促使承建单位保证建设工程质量和使用安全

既懂工程技术又懂经济管理及相关法律知识的监理工程师介入建设工程实施过程的监控,能及时发现工程设计和实施过程中的质量问题,避免留下工程质量隐患,对保证建设工程质量和使用安全起着重要的作用。

4. 有利于实现建设工程投资效益最大化

建设工程投资效益最大化有以下三种不同表现:

① 在满足建设工程预定功能和质量标准的前提下,建设投资额最少。

② 在满足建设工程预定功能和质量标准的前提下,建设工程寿命周期费用最少。

③ 建设工程本身的投资效益与环境、社会效益的综合效益最大化。

实行建设工程监理制之后,工程监理企业一般都能协助建设单位实现上述建设工程投资效益最大化的第一种表现,也能在一定程度上实现上述第二种和第三种表现。

1.2 建设工程监理的形成和发展

1.2.1 国外建设工程监理的发展

建设监理制度的起源,可以追溯到16世纪产业革命发生以后的欧洲,随着社会对房屋建造技术要求的不断提高,传统的建筑业开始出现专业分工,社会对建设监理的需求起因逐渐生成。18世纪60年代的英国产业革命,大大促进了整个欧洲大陆工业化的发展进程,社会大兴土木带来建筑业的空前繁荣,建设工程的高质量要求,使工程业主感觉到自己监督管理工程建设活动已越来越困难,建设监理的必要性逐步被人们所认识。

第二次世界大战以后,欧美各国在恢复建设中加快了向现代化发展的速度。20世纪50年代末期开始,由于科学技术的发展、工业和国防建设及人民生活水平不断提高的要求,需要建设一些大型、巨型工程,如航天工程、大型水电工程、核电站、大型钢铁企业、石油化工企业和新型城市建设等。这些工程投资多、风险大、规模浩繁、技术复杂,无论投资者和承建者都难以承担由于投资不当或项目管理失误而造成的损失。激烈竞争的社会环境,迫使业主更加重视建设项目的科学管理。对工程项目建设进行可行性研究,进一步拓宽了建设监理的业务范围,使其由项目施工阶段向前延伸至项目决策阶段。业主为了减少投资风险,节约工程费用,保证投资效益和工程建设的实施,需要聘请有经验的咨询监理人员进行投资机会论证和项目可行性研究,在此基础上进行决策。在工程的建设实施阶段,还要进行全面的监理。这样,建设工程监理就逐步贯穿于建设活动的全过程。

随着建设监理需求的发展,欧洲、美国、日本等工业发达地区、国家把建设工程监理逐步推入法律化、制度化、程序化轨道。美国的《统一建筑管理法规》、日本的《建筑师法》及《建筑基准法》等,都对建设监理的内容、方法及从事监理的社会组织做了详尽的规定。在工程建设活动中形成了业主、承包商和监理工程师三足鼎立的基本格局。20世纪80年代以后,建设监理制度在国际上也得到了较大的发展。一些发展中国家,也开始效仿发达国家的做法,结合本国实际,确立或引进社会监理机构,对工程建设实行监理。世界银行和亚洲、非洲开发银行等国际金融机构,也要把实行建设监理作为提供建设贷款的条件之一。建设工程监理成为工程建设必须遵循的制度。

1.2.2　我国建设工程监理的发展

从新中国成立直至 20 世纪 80 年代,我国固定资产投资基本上是由国家统一安排计划(包括具体的项目计划),统一财政拨款。建设工程的管理基本上采用两种形式:一般建设工程,由建设单位自己组成筹建机构,自行管理;重大建设工程,则从与该工程相关的单位抽调人员组成工程建设指挥部,进行管理。这种临时组建的工程管理责任机构中,相当一部分人员不具有建设工程管理的知识和经验,只能在实践中摸索,而工程建成投入使用后,这些工程管理机构就解散了,有新的建设工程时再重新组建。这样,建设工程管理的经验不能传承提升,教训却不断重复发生,使我国建设工程管理水平长期在低水平徘徊。投资"三超"(概算超估算、预算超概算、结算超预算)、工期延长的现象较为普遍。

20 世纪 80 年代,国家在基本建设和建筑业领域采取了一系列重大改革举措,如,投资有偿使用(即"拨改贷")、投资包干责任制、投资主体多元化、工程招标投标制等。为了适应经济发展和改革开放新形势的要求,通过反思和总结新中国成立几十年来建设工程管理的实践经验和教训,在吸取国外先进的工程管理制度和管理方法的基础上,建设部于 1988 年发布了"关于开展建设监理工作的通知",明确提出要建立建设监理制度。1997 年《建筑法》以法律制度的形式做出规定,国家推行建设工程监理制度,从而使建设工程监理在全国范围内进入全面推行阶段。

1.2.3　我国现阶段建设工程监理的特点

我国的建设工程监理无论在管理理论和方法上,还是在业务内容和工作程序上,与国外的建设项目管理大都是相同的,但也有一些差异。其特点为:

1. 建设工程监理的服务对象具有单一性

在国际上,建设项目管理按服务对象主要可分为为建设单位服务的项目管理和为承建单位服务的项目管理。而我国的建设工程监理制度规定,工程监理企业只接受建设单位的委托,即只为建设单位服务,不能接受承建单位的委托而为其提供管理服务。

2. 建设工程监理属于强制推行的制度

国外的建设项目管理是建筑市场发展的产物,一般没有来自政府部门的行政指导或干预。而我国的建设工程监理制从一开始就是作为对计划经济条件下所形成的建设工程管理体制改革的一项新制度提出来的,是依靠行政手段和法律手段在全国范围推行的。因此,在较短时间内促进了建设工程监理在我国的发展,形成了一批专业化、社会化的工程监理企业和监理工程师队伍,缩小了与发达国家建设项目管理的差距。

3. 建设工程监理具有监督功能

我国的工程监理企业有一定的特殊地位,有权对承建单位不当建设行为进行监督,预先防范,指令改正,或者向有关部门反映,请求纠正。此外,我国还强调对承建单位施工过程和施工工序的监督、检查和验收,提出了旁站监理的规定。可以说,我国监理工程师在质量控制方面工作的深度和细度,远远超过国际上的建设项目管理人员。

4. 市场准入的双重控制

在建设项目管理方面,一些发达国家只对专业人士的执业资格提出要求,而没有对企业的资质管理做出规定。而我国对建设工程监理的市场准入采取了企业资质和人员资格的双重控制,这对于保证我国建设工程监理队伍的基本素质,规范我国建设工程监理市场起到了积极的作用。

1.2.4　我国建设工程监理的发展趋势

尽管我国的建设工程监理已经取得了很大的发展和进步,但是与发达国家相比还存在较大的差距,还应从以下几个方面提高:

1. 加强法制建设,走法制化的道路

目前,我国建设工程监理的法制化建设,已经取得相当的成效。但还有一些薄弱环节,如:市场规则特别是市场竞争规则和市场交易规则还不健全;市场机制,包括信用机制、价格形成机制、风险防范机制、仲裁机制等尚未完全形成。应当在总结经验,借鉴国际上通行做法的基础上,进入我国建设工程监理有法可依、有法必依的轨道,接轨国际惯例,推广形成国际共识。

2. 以市场需求为导向,向全方位、全过程监理发展

我国实行建设工程监理近二十年以来,目前仍然以施工阶段监理为主,造成这种状况既有体制上、认识上的原因,也有建设单位需求和监理企业素质及能力等原因。但是,代表建设单位进行全方位、全过程的工程项目管理,将监理服务向决策阶段和设计阶段扩展,更好地发挥建设工程监理的作用,是我国工程监理行业发展的趋向。

3. 适应市场需求,优化工程监理企业结构

向全方位、全过程监理发展,是对建设工程监理整个行业而言的,并不意味着所有的工程监理企业都朝这个方向发展,而是应当逐步建立起综合性监理企业与专业性监理企业(如招标代理、工程造价咨询)相结合、大中小型监理企业并存的合理的企业结构。满足建设单位的各种需求,使各类监理企业都有合理的生存和发展空间。

4. 加强培训工作,不断提高从业人员素质

从全方位、全过程监理的要求来看,我国建设工程监理从业人员的素质还不能与之相适应。同时,工程建设领域的新技术、新工艺、新材料不断出现,工程技术标准时有更新,信息技术日新月异,这都要求建设工程监理从业人员与时俱进,不断提高自身的业务素质和职业道德素质。培养和造就出大批高素质的监理人员,才可能形成一批公信力强、有品牌效应的工程监理企业,提高我国建设工程监理的总体水平及其效果。

5. 与国际惯例接轨,走向世界

我国已加入 WTO,并随着"一带一路"的发展,国际建设工程数量不断增加,必须在建设工程监理领域多方面与国际惯例接轨,才可使我国的工程监理企业与国外同行按照同一规则同台竞争,这既可应对国外项目管理公司进入我国与我国工程监理企业的竞争,也可推动我国工程监理企业走向世界,在国际工程中与国外同行竞争。

1.3　建设工程法律法规及制度

1.3.1　建设工程法律法规体系

建设工程法律法规体系(图 1-1)是指根据《中华人民共和国立法法》的规定,制定和公布施行的有关建设工程的各项法律、行政法规、地方性法规、部门规章及规范性文件等的总称。

建设工程
法律法规
体系

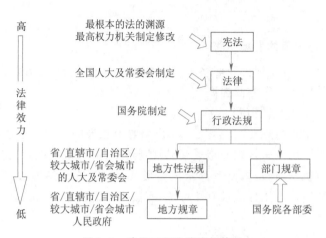

图 1-1　建设工程法律法规体系

建设工程法律是指由全国人民代表大会及其常务委员会通过的、规范工程建设活动的法律,由国家主席签署主席令予以公布,如《中华人民共和国建筑法》《中华人民共和国招标投标法》。

建设工程行政法规是指由国务院根据宪法和法律制定的、规范工程建设活动的各类条例、办法、规定、实施细则、决定等,由国务院总理签署国务院令予以公布,如《建设工程质量管理条例》《建设工程勘察设计管理条例》等。

部门规章是由国务院所属各部委,独立或会同国务院有关部门联合制定,部委行政首长签署命令予以公布的规定、办法、规则等。它是在原则上与法律和国家行政法规保持高度一致的前提下,根据工程建设活动的需要而制定的更具有可操作性的详细规定。如《注册监理工程师管理规定》(建设部 147 号令),而《评标委员会和评标方法暂行规定》则是由原国家计委、国家经贸委、建设部、铁道部、交通部、信息产业部、水利部联合制定发布的。部门规章在全国范围内适用。

规范性文件是指由国务院所属各部委制定,或者由各省、自治区、直辖市政府及各厅(局)、委员会等政府管理部门制定,对某方面或某项工作进行规范的文件,一般以“通知”“规定”“决定”等文件形式出现,并且一般不在媒体上公开发布。如《国务院关于进一步加强企业安全生产工作的通知》(国发[2010]23 号)、建设部的《注册监理工程师继续教育暂行办法》(建办市函[2006]259 号)等。

地方性法规由具有立法权的地方人民代表大会及其常务委员会制定和发布,地方性规章则由省、自治区、直辖市和较大的市的人民政府制定。地方性法规和规章是在原则上与法律和国家行政法规保持高度一致的前提下,根据工程建设的需要,与地方实际情况相结合而制定的更具可操作性的详细规定。地方性法规和规章在所属地区内适用。如《成都市建筑施工现场监督管理规定》属地方性法规,而《北京市工程建设监理管理办法》则是地方性规章。

显然,法律的效力高于行政法规,行政法规的效力高于部门规章。

1.3.2　与建设工程监理有关的管理制度

根据法律法规的规定,形成了相互关联、相互支持的建设工程管理制度体系。

1. 项目法人责任制

为了建立投资约束机制,规范建设单位的行为,建设工程应当按照政企分开的原则组建项目法人,实行项目法人责任制,即由项目法人对项目的策划、资金筹措、建设实施、生产经营、债务偿还和资产的保值增值,实行全过程负责的制度。

(1) 项目法人责任制是实行建设工程监理制的必要条件

实行项目法人责任制,执行谁投资、谁决策、谁承担风险的市场经济基本原则,项目法人为了做好决策,尽量避免承担风险,也就为建设工程监理提供了社会需求和发展空间。

(2) 建设工程监理制是实行项目法人责任制的基本保障

建设单位在工程监理企业的协助下,做好投资控制、进度控制、质量控制、合同管理、信息管理、组织协调等工作,就为在计划目标内实现建设项目提供了基本保证。

2. 建设工程施工许可制

建设工程开工前,建设单位应当按照国家有关规定向工程所在地县级以上人民政府建设行政主管部门申请领取施工许可证,其条件之一是,有保证工程质量和安全的具体措施。《建设工程质量管理条例》进一步明确为按照国家有关规定办理工程质量监督手续。

3. 从业资格与资质制

从事建设活动的建筑施工企业、勘察单位、设计单位和工程监理单位,应当具备下列条件:

① 有符合国家规定的注册资本。

② 有与其从事的建设活动相适应的具有法定执业资格的专业技术人员。

③ 有从事相关建设活动所应有的技术装备。

④ 法律、行政法规规定的其他条件。

4. 建设工程招标投标制

《中华人民共和国招标投标法》规定:下列工程建设项目包括项目的勘察、设计、施工、监理及与工程建设有关的重要设备、材料等的采购必须进行招标:

① 大型基础设施、公用事业等关系社会公共利益、公众安全的项目。

② 全部或部分使用固有资金投资或国家融资的项目。

③ 使用国际组织或外国政府贷款、援助资金的项目。

5. 建设工程监理制

国家推行建设工程监理制度,国务院规定了实行强制监理的建设工程的范围。建设工程监理应当依照法律、行政法规及有关的技术标准、设计文件和工程承包合同,对承包单位在施工质量、建设工期和建设资金使用等方面,代表建设单位实施监督。工程监理人员认为工程施工不符合工程设计要求、施工技术标准和合同约定的,有权要求建筑施工企业改正;工程监理人员认为工程设计不符合建筑工程质量标准或合同约定的质量要求的,应当报告建设单位要求设计单位改正。

6. 合同管理制

建设工程的勘察设计、施工、设备材料采购和工程监理都要依法签订合同。各类合同都要明确质量要求、履约担保和违约处罚条款,违约方要承担相应的法律责任。

7. 安全生产责任制

所有的工程建设单位都必须遵守《中华人民共和国安全生产法》《建设工程安全生产管

理条例》等有关安全生产的法律、法规和规章,加强安全生产管理,坚持"安全第一、预防为主、综合治理"的安全生产基本方针,建立健全安全生产的责任制度,完善安全生产条件,确保安全生产。

8. 工程质量责任制

从事工程建设活动的所有单位都要为自己的行为,以及该行为结果的质量负责,并接受相应的监督。

9. 工程质量保修制

建设工程承包单位在向建设单位提交工程竣工验收报告时,应当向建设单位出具质量保修书。质量保修书中应当明确建设工程的保修范围、保修期限和保修责任。

10. 工程竣工验收制

建设工程项目建成后,必须按国家有关规定进行严格的竣工验收,竣工验收合格后,方可交付使用。对未经验收或验收不合格就交付使用的,要追究项目法定代表人的责任,造成重大损失的,要追究其法律责任。

11. 建设工程质量备案制

工程竣工验收合格后,建设单位应当向工程所在地的县级以上地方人民政府建设行政主管部门备案。提交工程竣工验收报告,勘察、设计、施工、工程监理等单位分别签署的质量合格文件,法律、行政法规规定应当由规划、公安消防、环保等部门出具的认可文件或准许使用文件,工程质量保修书及备案机关认为需要提供的有关资料。

12. 建设工程质量终身责任制

建设、勘察、设计、施工、工程监理单位的工作人员因调动工作、退休等原因离开该单位后,被发现在该单位工作期间违反国家有关建设工程质量管理规定,造成重大工程质量事故的,仍应当依法追究法律责任。

项目工程质量的行政领导责任人,项目法定代表人,勘察、设计、施工、监理等单位的法定代表人,要按各自的职责对其经手的工程质量负终身责任。如发生重大工程质量事故,不管调到哪里工作,担任什么职务,都要追究其相应的行政和法律责任。

13. 项目决策咨询评估制

国家大中型项目和基础设施项目,必须严格实行项目决策咨询评估制度。建设项目可行性研究报告未经有资质的咨询机构和专家的评估论证,有关审批部门不予审批;重大项目的项目建议书也要经过评估论证。咨询机构要对其出具的评估论证意见承担责任。

14. 工程设计审查制

工程项目设计在完成初步设计文件后,经政府建设主管部门组织工程项目内容所涉及的行业及主管部门依据有关法律法规进行初步设计的会审,会审后由建设主管部门下达设计批准文件,之后方可进行施工图设计。施工图设计文件完成后送具备资质的施工图设计审查机构,依据国家设计标准、规范的强制性条款进行审查签证后才能用于工程。

1.3.3　建设工程监理规范

国家标准《建设工程监理规范》(GB/T 50319—2013)包括总则,术语,项目监理机构和其设施,监理规划及监理实施细则,工程质量、造价、进度控制,工程变更,索赔及施工合同争议处理,监理文件资料管理,设备采购监理与设备监造,相关服务共计 10 部分,另附有建设工程监理基本表式。《建设工程监理规范》对统一、规范建设工程监理行为,提高建设工程监理水平有着重要的作用。

1.3.4 施工旁站监理管理办法

为了提高建设工程质量,建设部于 2002 年 7 月 17 日颁布了《房屋建筑工程施工旁站监理管理办法(试行)》。该规范性文件要求在工程施工阶段的监理工作中实行旁站监理,并明确了旁站监理的工作程序、内容及旁站监理人员的职责。强调旁站监理是监理人员对关键部位、关键工序的施工质量实施全过程现场跟班的监督活动,是控制工程施工质量的重要手段之一,也是确认工程质量的重要依据。

1.3.5 关于落实建设工程安全生产监理责任的若干意见

建设工程安全生产关系到人民群众生命和财产安全,是人民群众的根本利益所在,直接关系到社会稳定大局。造成建设工程安全事故的原因是多方面的,建设单位、施工单位、勘察单位、设计单位和监理单位等都是工程建设的责任主体,但对于监理单位要不要对安全生产承担责任,在什么样的情况下承担责任,一直存在着争议。肯定者认为安全生产是建设工程实施过程中不可分离的内容,对建设工程实施监理就必须管安全;否定者认为,由于建设单位没有管理安全生产的责任和权力,因而不可能将不属于其所有的权力委托或转交给监理工程师,因此监理工程师不承担安全生产责任。

2003 年 11 月 12 日发布的《建设工程安全生产管理条例(国务院 393 号令)》(以下简称《条例》)已经明确规定:工程监理单位应当审查施工组织设计中的安全技术措施或专项施工方案是否符合工程建设强制性标准。工程监理单位在实施监理过程中,发现存在安全事故隐患的,应当要求施工单位整改,情况严重的,应当要求施工单位暂时停止施工,并及时报告建设单位。施工单位拒不整改或不停止施工的,工程监理单位应当及时向有关主管部门报告。因此,工程监理单位和监理工程师应当按照法律、法规和工程建设强制性标准实施安全方面的监理,并对建设工程安全生产承担监理责任。

由于《条例》只是对监理企业在安全生产中的职责和法律责任做了原则上的规定,《条例》实施后,一方面,工程监理单位和监理人员感到缺少可操作性的具体规定;另一方面,政府有关部门在处理安全生产事故时,对《条例》理解和掌握的尺度不尽相同,致使一些地方把监理单位和人员的安全责任无限扩大,所有的安全生产事故,主管部门都要处罚监理单位和监理人员。

2005 年 9 月 5 日,位于北京西城区西单北大街的西西工程 4 号地项目在进行高大厅堂顶盖模板支架预应力混凝土空心板浇筑时,发生模板支撑体系坍塌事故,造成 8 人死亡、21 人受伤的重大伤亡事故。9 月 27 日,现场监理人员吕××、吴××及该项目施工单位的其他三人被公安局以涉嫌重大责任事故罪为由刑事拘留。11 月 3 日,上述五人以涉嫌工程重大安全事故罪被西城区人民检察院批准逮捕。此案中的两位监理工程师是否应该在安全责任事故中承担刑事责任,曾经引发争议。辩护律师认为,按照我国《建筑法》,工程监理受雇于发包人,主要对工程质量负责,我国《建筑法》和《建设工程监理规范》中均无监理负有安全管理责任的规定。具体理由是"模板支撑体系不是建筑工程质量标准体系中所规范的对象,仅仅是工程施工过程中的一项临时性措施,不是建筑的一部分,不是建筑工程质量标准所指的评判对象,也不是合同所约定的标的物。并且,事故是施工单位未按监理的审批意见进行整改,在方案未获批准的情况下强行浇筑混凝土而引起的。"

法院判决认定:吕××、吴××未按规定履行职责,在明知施工方案未经批准,搭建模板支架存在安全隐患的情况下不予制止,构成重大责任事故罪,被判有期徒刑 3 年缓刑 3 年。此后,建设部依据《建筑法》等相关法律法规的规定,对事故的两家责任单位给予降低资质等级的行政处罚:施工方××建设公司的房屋建筑工程总承包资质等级由一级降为二级,监理方××建设工程顾问有限公司的房屋建筑工程监理资质等级由甲级降为乙级。

2006 年,建设部组织制定了《关于落实建设工程安全生产监理责任的若干意见》(建市[2006]248 号),其总体思路:一是以《条例》为依据,将安全监理的工作内容具体化,明确相应的工作程序;二是将监理单位和监理人员承担的安全生产监理责任界定清楚;三是指导监理单位建立相应的管理制度,落实好安全生产监理责任。

据此,工程监理单位实施建设工程安全监理工作的职责可以概括为:

① 要编制含有安全监理内容的监理规划和监理实施细则。

② 要对施工单位编制的施工组织设计中的安全技术措施或专项施工方案进行审查。

③ 对施工过程中安全技术措施的检查督促要到位。

④ 对违反安全生产的施工行为,要正确行使停工指令,并及时向建设单位报告。施工单位拒不整改或不停工整改的,监理单位应当及时向工程所在地建设主管部门或工程项目的行业主管部门报告。

如果监理单位履行了规定的职责,施工单位未执行监理指令继续施工或发生安全事故的,应依法追究监理单位以外的其他相关单位和人员的法律责任,而不再追究监理企业的法律责任。

🔍 思考题

1. 何谓建设工程监理? 它的概念要点是什么?

2. 建设工程监理具有哪些性质? 它们的含义是什么?

3. 建设工程监理有哪些作用?

4. 建设工程监理的理论基础是什么?

5. 现阶段我国建设工程监理有哪些特点?

6. 我国工程建设有哪些基本的管理制度?

7. 建设项目法人责任制的基本内容是什么? 与建设工程监理制的关系如何?

8. 工程建设监理工作的性质和原则是什么?

第2章

建设工程项目管理与监理的任务

2.1　建设工程项目管理

　　建设监理是针对建设工程项目的监督和管理。从科学管理的思想出发，只有能称得上"项目"的工程，才需要监理，也才可能监理。这个思想，正是现代建设监理制度科学性的反映，是从粗放型管理方式向科学的项目管理方式转变的基础。所以，把建设工程当作"项目"来进行管理是建设监理制度的一项重要内容。

• 2.1.1　工程项目的基本概念

1. 项目

　　人类有组织的活动可分为两种类型：

　　① 连续不断和周而复始的活动，可称其为"作业"（Operation），如一个工厂正常的生产活动。

　　② 非常规性、非重复性和一次性的活动，可称其为"项目"（Project），如建设一个工厂。

　　项目与作业有着本质的区别（表 2-1）。

表 2-1　项目与作业的区别

名称 比较	项　目	作　业
目的	特殊的	常规的
责任人	项目经理	部门经理
时间	有限的	相对无限的
管理方法	风险型	确定型
持续性	一次性	重复性
特性	独特性	普遍性
组织机构	项目组织	职能部门
考核指标	以目标为导向	效率和有效性
资源需求	多变性	稳定性

　　美国项目管理协会（PMI）对项目的定义：项目是为完成某一独特的产品或服务所做的

一次性努力。这个定义的内涵包括：

　　① 项目是一个过程,不是指目的物;建设一座工厂是一个项目,工厂本身不是一个项目。

　　② 项目可以是完成一个产品,例如建成一座工厂。

　　③ 项目也可以是一项服务,例如组织一届奥运会。

　　④ 项目是一次性的任务。项目有明确的开始时间和明确的结束时间;也可说是临时性的任务,任务完成项目就不再存在。

　　⑤ 项目所完成的产品或服务是独特的。任何项目的产品都各不相同;生产完全相同产品的任务(如一条生产电视机或汽车的生产线)不能称为项目。

　　⑥ 项目是非重复性的。任何项目都不能重复。

　　项目具有以下几个典型特征:

　　(1) 一次性

　　项目有明确的开始时间和结束时间,项目在此之前从来没有发生过,而且将来也不会在同样的条件下再发生,而作业是无休止或重复的活动。

　　(2) 独特性

　　每个项目都有自己的特点,每个项目都不同于其他的项目。项目所产生的产品、服务或完成的任务与已有的相似产品、服务或任务在某些方面有明显的差别。项目自身有具体的时间期限、费用和性能质量等方面的要求。因此,项目的过程具有自身的独特性。

　　(3) 目标的明确性

　　每个项目都有自己明确的目标,为了在一定的约束条件下达到目标,项目经理在项目实施以前必须进行周密的计划,事实上,项目实施过程中的各项工作都是为项目的预定目标而进行的。

　　(4) 组织的临时性和开放性

　　项目开始时需要建立项目组织,项目组织中的成员及其职能在项目的执行过程中将不断地变化,项目结束时项目组织将会解散,因此项目组织具有临时性。一个项目往往需要多个甚至几百上千个单位共同协作,它们通过合同、协议以及其他的社会联系组合在一起,可见项目组织没有严格的边界。

　　(5) 后果的不可挽回性

　　项目具有较大的不确定性,它的过程是渐进的,潜伏着各种风险。它不像有些事情可以试做,或失败了可以重来,即项目具有不可逆转性。

　　2. 建设工程项目及其特征

　　建设工程项目是以工程建设为载体的项目,是作为被管理对象的一次性工程建设任务。它以建筑物或构筑物为目标产出物,需要支付一定的费用,按照一定的程序,在一定的时间内完成,并应符合质量要求。

　　(1) 建设工程项目是一个系统

　　建设工程项目是一个由人、资源、技术、信息、时间、空间等各种相关因素组合而成的系统,是一个有机整体。这样一个复杂系统的运行,必须进行组织,组织是实现项目目标的基本保证。

　　(2) 建设工程项目系统处于外部社会环境影响之中

　　建设工程项目与外部社会环境之间相互关联、相互作用、相互依赖和制约,彼此间要进行资源的交换,同时也为了能够适应环境的变化,进行自我调节和控制,必须建立项目系统内部保证体系。

（3）建设工程项目是存在多种界面的系统

在项目系统内部及它与外部环境之间存在着许多结合部位,这些部位即所谓的界面。

建设工程项目系统内部,各参建单位组织之间有着明显的界线,又有着各种联系,各单位的组织内部的各种机构、各个管理层级、项目实施各阶段之间,都既有明显的区别,又相互联系依托。这些相互区别和联系必然使这些部位成为各种矛盾的集散地。工程项目的成功在很大程度上取决于能否在这些结合部上做好协调工作。

建设工程项目系统与外部环境在很多因素上也发生着各种各样的联系和作用。社会政治、经济状况、自然条件、金融机构、供应单位等,都以各种方式与项目进行着资源的交换,既不断地推进工程项目的建设进程,又不时地干扰着项目建设的进行。这些部位就是监理工程师重点协调的对象,只有做好了它们的协调管理工作,建设工程项目才能顺利实施。

3. 建设工程项目管理的基本概念

（1）建设工程项目管理的含义

建设工程项目管理的基本任务是参与工程项目建设的工程业主、设计单位、施工单位及监理单位如何在组织上和管理上采取有效措施,通过投资控制、进度控制、质量控制、合同管理、信息管理和组织协调使工程项目最优化地实现。

（2）建设工程项目管理的思想

建设工程项目管理思想首先是注重工程项目建设目标的科学性和明确性;其次是抓住工程项目的一次性特点,采用不同的项目组织结构和管理方法;三是强调一体化管理,整体优化是项目管理所追求的基本效果。

（3）采用项目经理负责制

建设工程项目的系统性、动态性、复杂性,要求它在组织上必须建立一个协调核心,即采取个人负责制,这就是工程项目经理负责制。项目经理应当集领导者、管理者、协调人的身份于一身,同时发挥专家、决策人的作用。因此,一个懂技术、懂管理、懂经济、懂法律,具有较高理论水平、管理才能和技术水平,有着丰富工程经验的项目经理成了项目成功的基本保证。

《建设工程监理规范》规定"建设工程监理应实行总监理工程师负责制",说明了现场监理机构中的总监理工程师实际上就相当于监理单位的项目经理。

4. 建设工程项目管理与建设工程管理

值得注意的是,建设工程项目管理与建设工程管理具有不同的管理范畴,通常所称的"建设工程项目管理（项目管理）"仅是"建设工程管理"的一个部分,如图 2-1 所示。

5. 建设工程项目管理与建设监理的关系

建设工程项目管理与建设监理都是服务于工程项目的,两者的管理思想、理论、方法和手段相同。重要的是:

（1）建设监理为业主方进行项目管理服务的基本模式

建设工程发包人（图 2-1 中细分为投资方、开发方和使用方）是项目管理服务的主要对象,在这一点上我国的建设监理与国外的为工程业主方服务的项目管理具有一致性。但建设监理仅是项目施工阶段的一种项目管理模式。

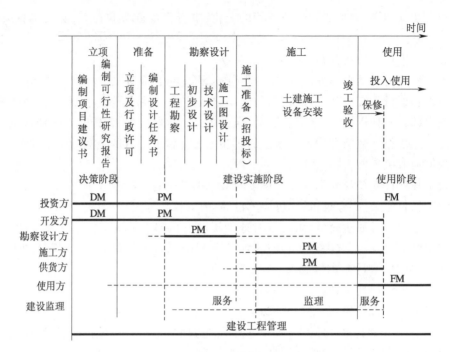

图 2-1　建设工程管理与建设工程项目管理

DM:决策阶段的开发管理

PM:实施阶段的项目管理

FM:使用(运营)阶段的设施(物业)管理

（2）建设监理与项目管理的区别

首先,在我国,建设监理是一项法律法规规定的制度,它旨在形成有"三方当事人"参加的工程项目管理体制。而项目管理不是一种制度,是一种理论和实践的方法。项目管理是在建设监理制度已经实施和发展,并积累了相当丰富经验之后才出现的,它的出现使得建设监理发展到一个新阶段。

其次,就项目管理的服务对象来说,二者也是有区别的。监理的委托方是工程发包人,而项目管理的客户可以有多方,它既可接受工程发包人的委托,又可以接受施工方的委托,还可以接受设计方的委托。

最后,建设工程项目管理因管理主体的不同可以发生在工程建设的任一阶段,而建设监理则主要发生在施工阶段。

2.1.2　工程项目建设程序

建设程序,是指建设工程项目从设想、选择、评估、决策、设计、施工到竣工验收、投入生产整个建设过程中,各项工作必须遵循的先后次序的法则。按照建设项目内在联系和发展过程,建设程序分成若干阶段,这些发展阶段有严格的先后次序,不能任意颠倒。

在我国,按现行规定,工程项目建设程序有如下几个阶段。

1. 立项阶段

（1）项目建议书

项目建议书是要求建设某一具体项目的建议性文件,是投资决策前对拟建项目的轮廓

工程项目
建设程序

设想。其主要作用是为推荐拟建项目做出说明,论述项目建设的必要性、条件的可行性和获利的可能性,供基本建设管理部门选择并确定是否进行下一步工作。

项目建议书的内容视项目的不同而有繁有简,但一般应包括以下几个方面:

① 建设项目提出的必要性和依据。

② 产品方案、拟建规模和建设地点的初步设想。

③ 资源情况、建设条件、协作关系等的初步分析。

④ 投资估算和资金筹措设想。

⑤ 经济效益和社会效益的估计。

（2）可行性研究

项目建议书一经批准,即可着手进行可行性研究,对项目在技术上是否可行和经济上是否合理进行科学的分析和论证。可行性研究报告是确定建设项目、编制设计文件的重要依据,因而编制可行性研究报告必须保证有相当的深度和准确性。大中型项目的可行性研究报告一般应包括以下几个方面:

① 根据经济预测、市场预测确定的建设规模和产品方案。

② 资源、原材料、燃料、动力、供水、运输条件。

③ 建厂条件和厂址方案。

④ 技术工艺、主要设备选型和相应的技术经济指标。

⑤ 主要单项工程、公用辅助设施、配套工程。

⑥ 环境保护、城市规划、防震、防洪等要求和采取的相应措施方案。

⑦ 企业组织、劳动定员和管理制度。

⑧ 建设进度和工期。

⑨ 投资估算和资金筹措。

⑩ 经济效益和社会效益。

可行性研究报告经批准后,组建项目管理班子,并着手开展项目实施阶段的工作。

2. 建设准备阶段

（1）立项及行政许可

建设项目经过项目实施组织者决策和政府有关部门的批准,并列入项目实施组织或者政府计划的过程称为项目立项。

建设项目立项后尚需经过相应的专业评价和行政许可才可进入实施程序,这些行政许可一般涉及规划许可、用地许可、环境影响评价、工业项目的安全预评价、职业病防护设施预评价、节能评估等。

（2）编制设计任务书

工程设计任务书是有关工程项目具体任务、设计目标、设计原则及有关技术指标的技术文件。一般在工程项目可行性研究和技术经济论证以后,在对客观条件进行全面考察了解、科学分析的基础上,由各方面设计人员共同编制完成。

3. 勘察设计阶段

建设项目的工程地质(含水文)勘察是项目设计的前提。对于一般建设项目,设计过程一般划分为两个阶段进行,即初步设计阶段和施工图设计阶段。重大项目和技术复杂项目,可根据不同行业的特点和需要,在初步设计之后增加技术设计(扩大初步设计)阶段。

初步设计是根据批准的可行性研究报告和设计基础资料,对工程进行系统研究,概略计算,在指定的时间、空间等限制条件下,在总投资控制的额度内和质量要求下,做出技术上可行、经济上合理的设计和规定,并编制工程总概算。

技术设计是为了进一步解决初步设计中的重大问题,以使建设工程更具体、更完善,技术指标更合理。技术设计完成后应当编制修正概算。

施工图设计是在初步设计或技术设计基础上进行的,是使设计达到施工安装要求的设计。施工图设计应结合实际情况,完整、准确地表达出建筑物的外形、内部空间的分割、结构体系及建筑系统的组成和周围环境的协调。施工图设计完成后应编制施工图预算。

4. 施工阶段

（1）施工准备

项目在开工建设之前要切实做好各项准备工作,其主要内容包括:

① 征地、拆迁和场地平整。

② 完成施工用水、电、路等工程。

③ 组织设备、材料订货。

④ 准备必要的施工图样。

⑤ 组织施工招标投标,择优选定施工单位。

⑥ 办理施工许可证。

（2）正式施工

建设项目经批准开工建设,项目即进入正式施工阶段,按设计要求施工安装,建成工程实体。项目开工时间,是指建设项目设计文件中规定的任何一项永久性工程第一次正式破土开槽开始施工的日期。铁路、公路、水库等需要进行大量土、石方的工程,以开始进行土、石方工程的时间作为正式开工时间。工程地质勘察、平整场地、旧有建筑物的拆除、临时建筑、施工用临时道路和水电等施工不算正式开工。

（3）交付使用前准备

项目业主在监理企业的协助下,根据建设项目或主要单项工程生产的技术特点,及时组成专门班子或机构,有计划地抓好交付使用前准备工作,保证项目建成后能及时投产或投入使用。交付使用前准备工作,主要包括人员培训、组织准备、技术准备、物资准备等。

（4）竣工验收

竣工验收是工程建设施工过程的最后一环,是全面考核基本建设成果、检验设计和工程质量的重要步骤,也是基本建设转入生产使用的标志。对大中型项目应当经过初验,然后再进行最终的竣工验收。简单、小型项目可以一次性进行全部项目的竣工验收。竣工验收合格可以交付使用。同时按规定实施保修,保修期限在《建设工程质量管理条例》中有详细规定。

5. 使用阶段

（1）设施管理

建设工程管理的核心任务是为建设工程增值,表现为工程建设增值和工程使用（运行）增值两个方面。

使用阶段的设施管理主要任务是使项目的设施（不仅指建构筑物、道路、公用设施,还包括工艺设备设施等）得以保值和增值。

（2）项目后评价

项目后评价一般是指项目投资完成之后所进行的评价，即在工程项目竣工并投产、生产运营一段时间后，再对项目的立项决策、设计施工、竣工投产、生产运营等全过程进行系统评价的一种经济活动。它通过对项目实施过程、结果及其影响进行调查研究和全面系统回顾，与项目决策时确定的目标及技术、经济、环境、社会指标进行对比，找出差别和变化，分析原因，总结经验，吸取教训，得到启示，提出对策建议，通过信息反馈，改善投资管理和决策，达到提高投资效益的目的。

建设程序为工程建设行为提出了规范化的要求，监理工程师必须严格按照建设程序开展监理活动，并熟悉建设过程各阶段的工作内容。

2.1.3 工程项目建设管理体制

建设监理制实施以后，我国的工程建设管理体制是在政府有关部门的监督管理之下，由项目业主、承建单位、监理单位直接参加的"三方"管理体制。其管理格局如图2-2所示。

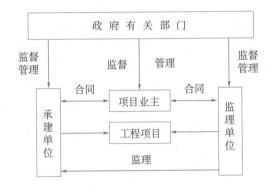

图2-2 建设工程管理体制

这种"三方"工程建设管理体制，改变了过去政府既要抓工程建设的宏观监督，又要抓工程建设的微观管理的不切合实际的做法，而将微观管理的工作转移给社会化、专业化的监理企业，使得工程建设的全过程在监理企业的参与下得到科学有效地监督管理，为提高工程建设整体水平和投资效益奠定了基础。

2.2 参与工程项目建设的各方

每一项承包工程的合同，都包含着数个具有法人资格的主体或其他民事主体的介入。监理工程师必须充分了解参与工程项目建设的各方所应负的职责、义务和应享有的权利，以及相互关系，并在监理工作中加以注意和正确处理，这是做好监理工作的前提。

一般说来，在每个施工承包合同实施中，参与最多、起着主要作用的是三方：建设方、施工承包方及监理方。

2.2.1 建设方、承包方、监理方

1. 建设方

建设方即"建设单位"，又常被称作"业主"（应注意，有些情况下，建设方并不一定是业

建设方、承包方、监理方及其相互关系

主,如代建制的建设方和商品房项目的建设方就不是项目的业主)。在过去的建设工程施工合同中属于甲方,因此也常被俗称为"甲方",在现行的《建设工程施工合同(示范文本)》中被定义为"发包人",所以又被称为"发包方"或"发包单位"。业主是项目的拥有者、投资者、使用者或最高决策者之统称。它可以是政府、企业、个人或其他法人组织,业主在建设工程项目中具有举足轻重的重要作用。

自改革开放以来,投资主体出现了多元化的趋势,即除了国家或地方政府投资项目外,项目投资者还有企业、个人、外商独资或合资等多种形式,只要拥有上述权力与职能,均可称为建设方。

2. 承包方

承包方即承包商,是与建设方签订工程承包合同,承担工程项目的建设实施,是执行并完成承包合同中所规定的各项任务的经济实体。它可以是施工企业,也可以是项目管理企业,一般又称为"承建单位"或"承包人",在过去的建设工程施工合同中属于乙方,因此也常被俗称为"乙方",在现行的《建设工程施工合同(示范文本)》中被定义为"承包人",所以又被称为"承包方"或"承包单位"。

承包方还可能包括工程的设计单位和材料设备的供应单位。

承包人按其性质可以是国有的、集体的或是私营的。按其组织性质可以是单独的,也可以是联营的。联营的承包人可以是合资公司、项目合资或联合集团。合资公司是几家联合投资的一个新的具有法人地位的公司,有较长远的目标,而不仅是为了一项工程的承包。项目合资实质是合资公司的变体,一般仅针对某一项特定工程项目的承包。联合集团则是更为松散的联合体,由几家公司联合起来投标和承包一项或多项工程,并不一定要求它们以联合集团名义注册成为独立的法人,只要求各公司具有法人资格,各公司进行分工分别实施工程,并分别对所承担的任务负责,这种方式在国际上更为多见。

3. 监理方

监理方即监理工程师,是作为独立于建设方与承包方之外的第三方,承担着工程监理任务的职务。工程监理企业作为独立的第三方,在现行的《建设工程施工合同(示范文本)》和《建设工程委托监理合同(示范文本)》中定义为"监理人",一般又称作"监理单位",而在建设工程项目上具体实施监理行为的是监理单位的派出人员,通常又称其为"监理机构"。

监理方受发包人的委托,执行其与发包人签订的监理委托合同,在工程承包合同中的地位是代表发包人,对承包人的工作实行监督与管理。应当指出,国外如 FIDIC(《土木工程施工合同条件》)范本中所说的"工程师"与我国所定义的监理工程师有一定的区别,我国定义的"监理工程师"的工作范围是广义的,可以贯穿整个项目从决策阶段起至保修期止的全过程,大体上与 FIDIC 所编的《项目管理协议书》所指的发包人项目经理相当。而 FIDIC 合同范本中定义的"工程师"工作的主要任务是承担对工程施工、安装或设备制造进行监理,也可以说是指工程项目实施或施工阶段的监理工程师。

4. 建设方、承包方、监理方的关系

(1)建设方与承包方的关系

建设方与承包方之间的关系是一种经济、法律关系。建设方将拟投资兴建的工程发包(订货、委托)给承包方,而承包方则按合同的规定去完成工程(订货)任务,并获得相应的报酬。建设方和承包方所应负的责任、权利和义务由双方签订的《建设工程施工合同》规定。

（2）建设方与监理方的关系

建设方与监理方之间也是一种经济、法律关系，即委托与被委托的关系，而不是某种从属关系。双方所应负有的责任、权利和义务由双方签订的《建设工程委托监理合同》规定。在工程的建设过程中，监理方是作为独立于建设方与承包方之外的第三方而执行其职责和任务的。建设方（发包人）不得超越合同违约侵权，随意干涉监理方的工作；而监理方也应保持自己的公正立场，不得违反合同规定，不能与承包方有任何经济联系，更不能与承包方串通侵害发包人利益，否则，发包人有权解除其委托。

（3）监理方与承包方的关系

监理方与承包方之间没有也不应当有任何合同关系或经济关系。他们在工程建设中是一种监理与被监理的关系，这种关系是通过建设方与承包方签订的工程承包合同确定的。也就是说，承包方应接受监理方的监督和管理，并按照承包合同的要求和监理方的指示施工。而监理方则是按照发包人所委托并通过工程承包合同所赋予的职责和权限范围，对承包方的承包工作进行监理。监理方在执行工程监理的过程中，要严格履行合同的职责，既要监督检查承包方是否履行合同的职责，是否按合同规定实现工程进度、质量和费用的目标要求，也要按照合同条款的规定公正地处理有关工程变更、费用调整、索赔和工程款支付等问题，维护承包人的合法权益。

（4）监理人是施工管理和文件传递的核心

发包人除委托监理人实施建设工程监理外，还可以任命并派驻施工现场在发包人授权范围内行使发包人权利的发包人代表。当一个建设项目同时存在发包人代表和监理人时，明确两者的权利，保证信息沟通的顺畅尤为重要。《建设工程施工合同（示范文本）》（GF—2017—0201）将监理人和发包人代表进行了区分，从尊重发包人权利角度和便于高效管理合同的角度出发，对于监理人相关事项做了相应规定，如强调发包人对监理人进行合理授权，并将授权事项告知承包人；明确监理人作为合同履行文件传递中心，即发包人和承包人之间的文件往来均通过监理人来中转，确保监理人能够全面畅通地了解合同管理信息，以完成其法定义务和约定义务。

2.2.2　建设工程项目其他参与者

1. 分包人

分包人又称分包商，在国际工程中，可分为一般分包商和指定分包商。在我国，还可以分为专业分包和劳务分包两类。

（1）一般分包与指定分包

一般分包商是由总承包人（或承包人）自己选定并将部分工程任务分包出去的接受人。总承包人与分包商订有分包合同，双方为雇佣与被雇佣关系，通常承包人可以自由选择分包商，但必须事先经代表发包人的监理工程师书面认可同意。监理工程师一般不得无故拒绝给予书面认可，但监理工程师的认可并不意味解除合同规定的承包人的责任与义务，总承包人应将任何分包商的违约及行为作为承包人自己的违约与行为，向发包人负完全责任。

在国际招标工程中，指定分包商是指由发包人或监理工程师所指定或选择的，进行合同中列有"暂定金额"（或称备用金）的工程施工、供货或服务的有关人员；或者是按合同规定，要求总承包人将任何工程（如电气、空调、管道工程等）分包给他们的有关人员。虽然这类分包商是由发包人或工程师指定,但在从事这些工程的施工、供货或服务的过程中均应视为承包人所雇用的分包商,他们与总承包人应按下述原则签订分包合同:

① 指定分包商应对总承包人负责,执行有关分包工程施工、供货和服务的分包合同内容,其对总承包人承担的责任和义务应同于总承包人按承包合同条款对发包人承担的相应责任和义务。

② 指定分包商应保护及保障总承包人在上述责任和义务方面不受伤害,并使之免于承担由于分包商未能完成上述义务或未能恪守上述职责及失职所造成的损失。

若指定分包商拒绝按上述准则与总承包人签订分包合同,则总承包人可以拒绝接受该指定分包商。

2003 年 3 月,由国家计委、建设部等 7 部委发布的《工程建设项目施工招标投标办法》明确规定"招标人不得直接指定分包人",也就在我国否定了指定分包商。

（2）专业分包和劳务分包

我国《建设工程施工合同(示范文本)》中定义的分包人,是指按照法律规定和合同约定,分包部分工程或工作,并与承包人签订分包合同的具有相应资质的法人。分包部分工程的是专业分包,分包工作是建设工程中的劳务作业的是劳务分包,劳务分包的承包方式是提供劳务及少量辅料,而不是包工包料。

2. 供货人

对于需要大型设备及设备安装量大的工程,通常发包人直接招标选定供货人,并签订独立的供货或供货安装合同。此时,供货人与土建承包人地位相同,相当于供货的承包人,直接对发包人负责。当土建施工与设备供应及安装发生矛盾时,由监理工程师协调解决。

对于安装设备量较少的工程,所需的材料、设备一般多由土建总承包人选定供货人,并与之签订供货合同。此时,供货人直接对总承包人负责,供货人地位相当于分包商,供货合同相当于分包合同。设备供货的风险由总承包人向发包人负责。但是,总承包人选定的供货人,一般需经发包人或监理工程师的同意与认可。

3. 设计人

通常,当发包人不具备工程设计力量时,就需要选择具有相应设计能力的、条件适合的设计单位或个人与之签订设计合同,委以工程项目设计任务。国际上一般称设计者为建筑工程师(architect engineer),它通常是专门的建筑师事务所或公司,也可委托能承担设计任务的咨询公司进行设计。它们可以负责全部的工程设计,也可以将部分专业设计工作分包给相应的专业公司去完成,使其成为它的设计分包商。对于属于交钥匙(turn key)总承包合同的工程,承包工程公司可以兼负责设计,也可以将设计工作分包给其他建筑工程师。

我国的工程设计一般多由专业的设计单位(设计院)负责。近年来,国际上趋向于发包人将工程细部设计图和施工详图交给施工承包人完成。

承担工程设计的设计人与承担施工的承包人无直接的法律关系和合同关系,他们在工程中所担负的任务是由发包人委托,或者由发包人委托监理工程师下达。工程设计者和施工承包人在有关工程设计和施工方面的业务往来,一般应通过监理工程师来完成。

设计人或建筑工程师的任务一般为编制工程项目设计,并在整个工程实施阶段继续工作,直至工程建成和验收。但有时发包人还要求提供更广泛的服务,即除设计工作外,还可承担准备招标文件,协助招标;甚至有的发包人还可能要求其进行工程施工监理工作。此时,设计人即兼有监理人的工作。

4. 工程资助人

所谓工程项目的资助人,一般是指诸如世界银行、亚洲开发银行等国际金融组织,一些代表国家政府向外国提供贷款或经济援助的机构,甚至某个人对某个国家政府、公共机关或私人所开发的工程项目提供贷款或资助营造工程项目,这类金融组织、机构或个人即是其所资助的工程项目的资助人。这些资助人虽然并非工程承包合同的当事人,但他们对所资助的工程往往都要做出许多规定,诸如工程项目的采购程序、承包人法定资格、项目的成交方式、招标方式及招标文件制定、评标与授标标准、资金支付以至监理人员的聘请等方面的规定,要求发包人或受借款人必须遵守。对于工程监理人员来说,了解这种关系及资助人的作用与影响是非常重要的。

5. 代理人及担保人

（1）代理人

在国际的工程承包中,代理制度已在不少国家普遍推行。有些国家如埃及、科威特、沙特阿拉伯、阿拉伯联合酋长国等,代理制已成为法定制度;外国承包人在这些国家参加投标时,均需有合法的当地代理人,通过代理人才可以取得标书。有的国家还规定外国人只有通过本国的代理人,才能在本国从事商业活动,如阿尔及利亚、黎巴嫩等国。但是,也有的国家禁止承包人使用代理人。代理人是通过签订代理协议受承包人委托帮助承包人办理投标和有关工程承包的其他事务,并收受代理佣金。其代理范围应在代理协议中规定。代理人应有承包人授权的委托书,并经有关方面认证,才能具有执行代理任务的合法地位。

（2）担保人

国际上有些国家如科威特、沙特阿拉伯、阿拉伯联合酋长国等海湾国家规定:外国承包人参加本国工程项目的承包,除要有当地代理人外,还要求有当地的担保人。担保人可以是个人、公司或集团,他对所担保的外国承包公司在法律、财务和承包工程业务方面向政府承担责任。承包人聘请担保人,要签订担保合同,并支付大约相当于工程合同额 3% 左右的担保金。

2.3 建设工程监理的任务和方法

2.3.1 建设工程监理的基本任务

1. 建设工程监理的任务

建设工程监理的中心任务就是控制工程项目目标,也就是控制经过科学地规划所确定的工程项目的投资、进度和质量目标。这三大目标是相互关联、相互制约的目标系统。

任何工程项目都是在一定的投资限制条件下实现的。任何工程项目的实现都要受到时间的限制,都有明确的项目进度和工期要求。实现建设项目并不十分困难,而要使工程项目能够在计划的投资、进度和质量目标内实现则是困难的。因此,目标控制应当成为工程建设监理的中心任务。

2. 投资、进度、质量三大目标的关系

建设工程项目三大目标之间具有相互依存、相互制约的关系,即存在矛盾的一面,又存在统一的一面,监理工程师在监理活动中应牢牢把握三大目标之间的对立统一关系。

建设工程
监理的基
本任务

（1）建设工程项目三大目标之间存在对立关系

工程项目投资、进度、质量三大目标之间存在着矛盾和对立的关系。显然，如果提高工程质量目标，就要投入较多的资金，需要较长的时间；如果要缩短项目的工期，投资就要相应提高或不能保证工程质量标准；如果要降低投资，就会降低项目的功能要求和质量标准。

（2）建设工程项目三大目标之间存在统一关系

工程项目投资、进度和质量三大目标之间存在统一的关系。如适当增加投资额，为加快进度提供经济条件，就可以加快项目建设进度，缩短工期，使项目提前运行，投资尽早收回，项目的全寿命成本降低，经济效益会得到提高；适当提高项目功能要求和质量标准，虽然会造成一次性投资额的增加和工期的延长，但能够节约项目动用后的经常费用和维修费用，从而获得更好的经济效益；如果项目进度计划制订得既可行又经过优化，使工程进展具有连续性、均衡性，则不但可以缩短施工工期，而且有可能获得较好的质量和较低的费用。

监理工程师在开展目标控制活动时，应注意以下事项：

① 在进行目标规划时，注意统筹兼顾，合理确定投资、进度和质量目标的标准。

② 在对目标实施控制时，防止发生单一目标追求，干扰和影响其他目标的实现。

③ 以实现项目目标系统作为衡量目标控制效果的标准，追求系统目标的实现，做到各目标的互补。

2.3.2　建设工程监理的基本方法

建设工程监理的基本方法

工程建设监理的基本方法是一个系统，它由不可分割的若干个子系统组成。它们相互联系、相互支持、共同运行，形成一个完整的方法体系。这就是目标规划、动态控制、组织协调、信息管理、合同管理。

1. 目标规划

这里所说的目标规划是以实现目标控制为目的的规划和计划，它是围绕工程项目投资、进度和质量目标进行研究确定、分解综合、安排计划、风险管理、制定措施等各项工作的集合。目标规划是目标控制的基础和前提，只有做好目标规划的各项工作才能有效实施目标控制。目标规划得越好，目标控制的基础就越牢，目标控制的前提条件也就越充分。

目标规划工作包括：正确地确定投资、进度、质量目标或对已经初步确定的目标进行论证；按照目标控制的需要将各目标进行分解，使每个目标都形成一个既能分解又能综合地满足控制要求的目标划分系统，以便实施控制；把工程项目实施的过程、目标和活动编制成计划，用动态的计划系统来协调和规范工程项目的实施，使项目协调有序地达到预期目标；对计划目标的实现进行风险分析和管理，以便采取针对性的有效措施，实施主动控制；制定各项目标的综合控制措施，力保项目目标的实现。

2. 动态控制

所谓动态控制，就是在完成工程项目的过程当中，通过对过程、目标和活动的跟踪，全面、及时、准确地掌握工程建设信息，将实际目标值和工程建设状况与计划目标和状况进行对比，如果偏离了计划和标准的要求，就采取措施加以纠正，以便达到计划总目标的实现。这是一个不断循环的过程，直至项目建成交付使用。

这种控制是一个动态的过程。过程在不同的空间展开，控制就要针对不同的空间来实施。工程项目的实施分不同的阶段，控制也就分成不同阶段的控制。工程项目的实现总要受到外部环境和内部因素的各种干扰,因此必须采取应变性的控制措施。计划的不变是相对的,计划总是在调整中运行,控制就要不断地适应计划的变化,从而达到有效的控制。

动态控制是在目标规划的基础上针对各级分目标实施的控制。整个动态控制过程都应按事先安排的计划来进行。

3. 组织协调

组织协调与目标控制是密不可分的。协调的目的就是实现项目目标。在监理过程中,当设计概算超过投资估算时,监理工程师要与设计单位进行协调,使设计与投资限额之间达到协调,既要满足建设单位对项目的功能和使用要求,又要力求使费用不超过限定的投资额度。当施工进度影响到项目动用时间时,监理工程师就要与施工单位进行协调,或者改变投入,或者修改计划,或者调整目标,直到制定出一个较理想的解决问题的方案为止。当发现承包单位的管理人员不称职,给工程质量造成影响时,监理工程师要与承包单位进行协调,以便更换人员,确保工程质量。

组织协调包括项目监理组织内部人与人、机构与机构之间的协调。例如,项目总监理工程师与各专业监理工程师之间、各专业监理工程师之间的人际关系,以及纵向监理部门与横向监理部门之间关系的协调。组织协调还存在于项目监理组织与外部环境组织之间,其中主要是与项目建设单位、设计单位、施工单位、材料和设备供应单位,以及与政府有关部门、社会团体、咨询单位、科学研究、工程毗邻单位之间的协调。

4. 信息管理

工程建设监理离不开工程信息。在实施监理过程中,监理工程师要对所需要的信息进行收集、整理、处理、存储、传递、应用等一系列工作,这些工作总称为信息管理。

信息管理对工程建设监理是十分重要的。监理工程师在开展监理工作当中要不断预测或发现问题,要不断地进行规划、决策、执行和检查,而做好这项工作都离不开相应的信息。规划需要规划信息,决策需要决策信息,执行需要执行信息,检查需要检查信息。监理工程师在监理过程中主要的任务是进行目标控制,而控制的基础是信息。任何控制只有在信息的支持下才能有效地进行。

现代信息技术的快速发展和广泛应用,可为工程咨询提供强力的技术支撑。工程建设监理还需要掌握先进、科学的工程咨询及项目管理技术和方法,加大工程咨询及项目管理平台的开发和应用力度,综合应用大数据、云平台、物联网、地理信息系统(GIS)、建筑信息建模(BIM)等技术,为现代工程委托方提供更好的增值服务。

5. 合同管理

监理单位在工程建设监理过程中的合同管理主要是根据监理合同的要求对工程承包合同的签订、履行、变更和解除进行监督和检查,对合同双方争议进行调解和处理,以保证合同的依法签订和全面履行。

合同管理对于监理单位完成监理任务是非常重要的。根据国外经验,合同管理产生的经济效益往往大于技术优化所产生的经济效益。一项工程合同,应当对参与建设项目的各方的建设行为起控制作用,同时具体指导一项工程如何操作完成。所以,从这个意义上讲,合同管理起着控制整个项目实施的作用。

6. 施工安全监管

根据《建设工程安全生产管理条例》第五十七条的规定,工程监理单位有以下行为:

"(一)未对施工组织设计中的安全技术措施或者专项施工方案进行审查的;(二)发现安全事故隐患未及时要求施工单位整改或者暂时停止施工的;(三)施工单位拒不整改或者不停止施工,未及时向有关部门报告的;(四)未依照法律、法规和工程建设强制性标准实施监理的",应当承担相应的安全生产责任。因此,监理工程师必须对施工过程的安全生产承担一定的监管责任。

对建设工程监理的基本任务和方法,通常又归纳为"三控制、三管理、一协调",即质量控制、投资控制、进度控制,合同管理、信息管理、施工安全监管和组织协调。

思考题

1. 什么叫建设工程项目?
2. 建设工程项目有何特征?
3. 工程项目管理与建设工程监理有何联系?
4. 何谓建设程序? 我国现行建设程序的内容是什么?
5. 建设工程项目有哪些参与者? 其中起主要作用的参与者有哪些?
6. 建设工程监理的基本任务是什么?
7. 建设工程监理的基本方法是什么?

第3章

监理工程师和建设工程监理企业

3.1 监理工程师

3.1.1 监理工程师的执业特点

监理工程师,准确地说应称为注册监理工程师,是指经全国监理工程师执业资格统一考试合格,取得监理工程师资格证书,并按规定注册,取得注册监理工程师注册执业证书(包括执业印章),从事工程监理及相关业务活动的专业技术人员。

《建设工程监理规范》(GB/T 50319—2013)规定,建设工程监理应实行总监理工程师负责制。项目总监理工程师是由工程监理单位法定代表人书面任命,负责履行建设工程监理合同、主持项目监理机构工作的注册监理工程师。总监理工程师在项目监理机构中处于核心地位,代表着整个监理机构的形象,其工作积极性和主观能动性的发挥将直接影响到项目监理目标的实现。

由于建设监理业务是工程管理服务,是涉及多学科、多专业的技术、经济、管理、法律等知识的系统工程,执业资格条件要求较高。因此,监理工作需要一专多能的复合型人才来承担。监理工程师不仅要有理论知识,熟悉设计、施工、管理,还要有组织、协调能力,更重要的是应掌握并应用合同、经济、法律知识,具有复合型的知识结构。

实践证明,没有专业技能的人不能从事监理工作;有一定专业技能,从事多年工程建设,具有丰富施工管理经验或工程设计经验的专业人员,如果没有学习过工程监理知识,也难以胜任监理工作。这是因为当今社会,建设工程类别复杂,不仅土建工程需要监理,工业交通、设备安装工程也需要监理,特别是监理工程师在工程建设中担负着十分重要的经济和法律责任,所以无论已经具备何种高级专业技术职称的人,或者已具备何种执业资格的人员,如果不再学习建设监理的专门知识,都无法从事工程监理工作。

国际咨询工程师联合会(FIDIC)对从事工程咨询业务人员的职业地位和业务特点所做的说明是:"咨询工程师从事的是一份令人尊敬的职业,他仅按照委托人的最佳利益尽责,他在技术领域的地位等同于法律领域的律师和医疗领域的医生。他保持其行为相对于承包商和供应商的绝对独立性,他必须不得从他们那里接受任何形式的好处,而使他的决定的公正性受到影响或不利于他行使委托人赋予的职责。"这个说明同样适合我国的监理工程师。

3.1.2 监理工程师的素质

从事监理工作的监理人员,不仅要有一定的工程技术或工程经济方面的专业知识、较强的专业技术能力,能够对工程建设进行监督管理,提出指导性的意见,而且要有一定的组织

监理工程
师

协调能力,能够组织、协调工程建设有关各方共同完成工程建设任务。因此,监理工程师应具备以下素质:

1. 较高的专业学历和复合型的知识结构

工程建设涉及多门学科,其中主要学科就有几十种。作为一名监理工程师,虽然不可能掌握众多的专业理论知识,但至少应掌握一种专业理论知识。因此,对监理工程师,要求至少应具有工程类大专以上学历,了解或掌握一定的工程建设经济、法律和组织管理等方面的理论知识,熟悉与工程建设相关的现行法律法规、政策规定,并能不断了解新技术、新设备、新材料、新工艺,持续保持较高的知识水准,成为一专多能的复合型人才。

2. 丰富的工程建设实践经验

监理工程师的业务内容体现的是工程技术理论与工程管理理论的应用,具有很强的实践性的特点。因此,实践经验是监理工程师的重要素质之一。据有关资料统计分析,工程建设中出现的失误,少数原因是责任心不强,多数原因是缺乏实践经验。工程建设中的实践经验主要指立项评估、地质勘测、规划设计、工程招标投标、工程设计及设计管理、工程施工及施工管理、工程监理、设备制造等方面的工作实践经验。

3. 良好的品德

监理工程师的良好品德主要体现在以下几个方面:

① 热爱本职工作。

② 具有科学的工作态度。

③ 具有廉洁奉公、为人正直、办事公道的高尚情操。

④ 能够听取不同方面的意见,具有良好的沟通能力,冷静分析问题,迅速做出反应。

4. 健康的体魄和充沛的精力

尽管建设工程监理是一种高智能的技术服务,以脑力劳动为主,但是,也必须具有健康的身体和充沛的精力,才能胜任繁忙、严谨的监理工作。尤其在建设工程施工阶段,由于露天作业,工作条件艰苦,往往工期紧迫,业务繁忙,更需要有健康的身体。我国对年满 65 周岁的监理工程师不再进行注册,主要就是考虑监理从业人员身体健康状况的适应能力而设定的条件。

3.1.3　监理工程师的职业道德

工程监理工作的特点之一是要体现公正原则。监理工程师在执业过程中维护建设单位的合法权益的同时,不能损害工程建设其他方的合法权益。因此,对监理工程师的职业道德和工作纪律都有严格的要求,在有关法规里也做了具体的规定。在监理行业中,监理工程师应严格遵守如下通用职业道德守则:

① 维护国家的荣誉和利益,按照"守法、诚信、公正、科学"的准则执业。

② 执行有关工程建设的法律、法规、标准、规范、规程和制度,履行监理合同规定的义务和职责。

③ 努力学习专业技术和建设监理知识,不断提高业务能力和监理水平。

④ 不以个人名义承揽监理业务。

⑤ 不同时在两个或两个以上监理单位注册和从事监理活动,不在政府部门和施工、材料设备的生产供应等单位兼职。

⑥ 不为所监理的项目指定承包人、建筑构配件、设备、材料生产厂家和施工方法。

⑦ 不收受被监理单位的任何礼金。

⑧ 不泄露所监理工程各方认为需要保密的事项。

⑨ 坚持独立自主地开展工作。

3.1.4 FIDIC 道德准则

在国外,监理工程师的职业道德准则,由其协会组织制定并监督实施。国际咨询工程师联合会(FIDIC)于 1991 年在慕尼黑召开的全体成员大会上,讨论批准了 FIDIC 通用道德准则。该准则分别从对社会和职业的责任、能力、正直性、公正性、对他人的公正 5 个问题计 14 个方面规定了监理工程师的道德行为准则。目前,国际咨询工程师联合会的会员国家都在认真地执行这一准则。

为使监理工程师的工作充分有效,不仅要求监理工程师必须不断增长他们的知识和技能,而且要求社会尊重他们的道德公正性,信赖他们做出的评审,同时给予公正的报酬。

3.1.5 监理工程师的法律地位

监理工程师的法律地位是由国家法律法规确定,并建立在委托监理合同的基础上。《建筑法》明确指出国家推行工程监理制度,《建设工程质量管理条例》赋予监理工程师多项签字权,并明确规定了监理工程师的多项职责,从而使监理工程师执业有了明确的法律依据,确立了监理工程师作为专业人士的法律地位。监理工程师的主要业务是受建设单位委托从事监理工作,其权利和义务在合同中有具体约定。监理工程师所具有的法律地位,决定了监理工程师在执业中一般应享有的权利和应履行的义务。

1. 监理工程师的权利

① 使用注册监理工程师称谓。

② 在规定范围内从事执业活动。

③ 依据本人能力从事相应的执业活动。

④ 保管和使用本人的注册证书和执业印章。

⑤ 对本人执业活动进行解释和辩护。

⑥ 接受继续教育。

⑦ 获得相应的劳动报酬。

⑧ 对侵犯本人权利的行为进行申诉。

2. 监理工程师的义务

① 遵守法律、法规和有关管理规定。

② 履行管理职责,执行技术标准、规范和规程。

③ 保证执业活动成果的质量,并承担相应责任。

④ 接受继续教育,努力提高执业水准。

⑤ 在本人执业活动所形成的工程监理文件上签字、加盖执业印章。

⑥ 保守在执业中知悉的国家秘密和他人的商业、技术秘密。

⑦ 不得涂改、倒卖、出租、出借或以其他形式非法转让注册证书或执业印章。

⑧ 不得同时在两个或两个以上单位受聘或执业。

⑨ 在规定的执业范围和聘用单位业务范围内从事执业活动。

⑩ 协助注册管理机构完成相关工作。

3.1.6　监理工程师的法律责任

监理的法律责任，是指监理单位或监理工程师在履行监理职责过程中发生违法行为所应承受的制裁性法律后果。监理法律责任的来源一是法律法规的规定，二是委托监理合同的约定。其中，监理对工程质量、工期和投资控制的责任既来自相应的法律法规规定，也来自监理合同的约定，而对施工安全的监管责任则仅来自《建设工程安全生产管理条例》的规定。据此，本书认为把建设监理的任务归结为"三控（质量、工期、投资）、三管（安全、合同、信息）一协调"较为适当，因为，对施工安全，建设监理只有一定程度的监管责任，而不是目标控制责任。

监理法律责任的性质可划分为刑事责任、民事责任和行政责任。

1. 违法行为应当承担的刑事责任

现行法律法规对监理工程师的刑事责任专门做出了具体规定。如：

《建筑法》第三十五条规定："工程监理单位不按照委托监理合同的约定履行监理义务，对应当监督检查的项目不检查或者不按照规定检查，给建设单位造成损失的，应当承担相应的赔偿责任。"

《中华人民共和国刑法》第一百三十七条规定："建设单位、设计单位、施工单位、工程监理单位违反国家规定，降低工程质量标准，造成重大安全事故的，对直接责任人员，处五年以下有期徒刑或者拘役，并处罚金；后果特别严重的，处五年以上十年以下有期徒刑，并处罚金。"

《建设工程质量管理条例》第三十六条规定："工程监理单位应当依照法律、法规以及有关技术标准、设计文件和建设工程承包合同，代表建设单位对施工质量实施监理并对施工质量承担监理责任。"

根据《建设工程安全生产管理条例》和建设部《关于落实建设工程安全生产监理责任的若干意见》，监理工程师应当对建设工程的安全生产承担监理责任。通俗地说，对施工单位的安全生产行为：该审查的一定要审查，该检查的一定要检查，该停工的一定要停工，该报告的一定要报告。否则，就要对施工单位发生的安全事故承担法律责任。

另外，如果监理工程师有下列行为之一，则应当与质量、安全事故责任主体承担连带责任。

① 违章指挥或发出错误指令，引发安全事故的。

② 将不合格的建设工程、建筑材料、建筑构配件和设备按照合格签字，造成工程质量事故，由此引发安全事故的。

③ 与建设单位或施工企业串通，弄虚作假、降低工程质量，从而引发安全事故的。

2. 违约行为应当承担的民事责任

监理工程师一般主要受聘于工程监理企业，从事工程监理业务。工程监理企业是与建设项目业主订立委托监理合同的当事人，是法定意义的合同主体。但委托监理合同在具体履行时，是由监理工程师代表监理企业来实现的。因此，如果监理工程师出现工作过失，违反了合同约定，其行为将被视为监理企业违约，由监理企业承担相应的违约责任。

当然，如：未依照法律、法规和工程建设强制性标准实施监理，由于监理原因致使三大目标失控等,监理企业在承担违约赔偿责任后,有权在企业内部向有相应过失行为的监理工程师追偿部分损失。所以,由监理工程师个人过失引发的合同违约行为,监理工程师应当与监理企业承担一定的连带责任。其连带责任的基础是监理企业与监理工程师签订的聘用协议或责任保证书,或者监理企业法定代表人对监理工程师签发的授权委托书。一般来说,授权委托书应包含职权范围和相应责任条款。

3. 行政责任

监理行政责任是指监理单位和监理工程师发生违法违规行为后,要承担《建筑法》第六十九条明确规定的停业整顿、降低资质等级、吊销资质证书等行政处罚。

3.1.7 监理工程师违规行为的处罚

监理工程师的违规行为及相应的处罚,包括以下几个方面:

① 隐瞒有关情况或提供虚假材料申请注册的,建设主管部门不予受理或不予注册,并给予警告,1 年之内不得再次申请注册。

② 以欺骗、贿赂等不正当手段取得注册证书的,由国务院建设主管部门撤销其注册,3 年内不得再次申请注册,并由县级以上地方人民政府建设主管部门处以罚款,其中没有违法所得的,处以 1 万元以下罚款;有违法所得的,处以违法所得 3 倍以下且不超过 3 万元的罚款;构成犯罪的,依法追究刑事责任。

③ 未经注册,擅自以注册监理工程师的名义从事工程监理及相关业务活动的,由县级以上地方人民政府建设主管部门给予警告,责令停止违法行为,处以 3 万元以下罚款;造成损失的,依法承担赔偿责任。

④ 未办理变更注册仍执业的,由县级以上地方人民政府建设主管部门给予警告,责令限期改正;逾期不改的,可处以 5 000 元以下的罚款。

⑤ 在执业活动中有下列行为之一的,由县级以上地方人民政府建设主管部门给予警告,责令其改正,没有违法所得的,处以 1 万元以下罚款;有违法所得的,处以违法所得 3 倍以下且不超过 3 万元的罚款;造成损失的,依法承担赔偿责任;构成犯罪的,依法追究刑事责任:

a. 以个人名义承接业务的。

b. 涂改、倒卖、出租、出借或以其他形式非法转让注册证书或执业印章的。

c. 泄露执业中应当保守的秘密并造成严重后果的。

d. 超出规定执业范围或聘用单位业务范围从事执业活动的。

e. 弄虚作假提供执业活动成果的。

f. 同时受聘于两个或两个以上的单位,从事执业活动的。

g. 其他违反法律、法规、规章的行为。

⑥ 有下列情形之一的,国务院建设主管部门依据职权或根据利害关系人的请求,可以撤销监理工程师注册:

a. 工作人员滥用职权、玩忽职守颁发注册证书和执业印章的。

b. 超越法定职权颁发注册证书和执业印章的。

c. 违反法定程序颁发注册证书和执业印章的。

d. 对不符合法定条件的申请人颁发注册证书和执业印章的。

e. 依法可以撤销注册的其他情形。

⑦《建设工程质量管理条例》明确规定：监理工程师因过错造成严重事故的，责令停止执业1年，造成重大质量事故的，吊销执业资格证书，5年以内不予注册；情节特别恶劣的，终身不予注册。

3.2　监理工程师职业资格考试、注册和继续教育

监理工程师执业资格考试、注册和继续教育

3.2.1　监理工程师职业资格考试

1. 监理工程师职业资格考试制度

职业资格包括从业资格和执业资格。职业资格由国务院劳动、人事行政部门通过学历认定、资格考试、专家评定、职业技能鉴定等方式进行评价，对合格者授予国家职业资格证书。执业资格通过考试方法取得。执业资格是政府对某些责任较大、社会通用性强、关系公共利益的专业技术工作实行的准入控制，是专业技术人员依法独立开业或独立从事某种专业技术工作所必备的学识、技术和能力标准。监理工程师是新中国成立以来在工程建设领域第一个设立的执业资格。

实行监理工程师职业资格考试制度的意义在于：

① 促进监理人员努力钻研监理业务，提高业务水平。

② 统一监理工程师的业务能力标准。

③ 有利于公正地确定监理人员是否具备监理工程师的资格。

④ 合理建立工程监理人才库。

⑤ 便于同国际接轨，开拓国际工程监理市场。

2. 报考监理工程师的条件

国际上多数国家在设立执业资格时，通常比较注重执业人员的专业学历和工作经验。他们认为这是执业人员的基本素质，是保证执业工作有效实施的主要条件。根据我国对监理工程师业务素质和能力的要求，2021年人力资源和社会保障部人事考试中心对参加监理工程师职业资格考试的报名条件做出了限制：

（1）凡遵守中华人民共和国宪法、法律、法规，具有良好的业务素质和道德品行，具备下列条件之一者，可以申请参加监理工程师职业资格考试：

① 具有各工程大类专业大学专科学历（或高等职业教育），从事工程施工、监理、设计等业务工作满6年；

② 具有工学、管理科学与工程类专业大学本科学历或学位，从事工程施工、监理、设计等业务工作满4年；

③ 具有工学、管理科学与工程一级学科硕士学位或专业学位，从事工程施工、监理、设计等业务工作满2年；

④ 具有工学、管理科学与工程一级学科博士学位。

2021年继续在北京、上海开展提高监理工程师职业资格考试报名条件试点工作，试点专业为土木建筑工程专业（交通运输工程和水利工程专业不参加试点），试点地区报考人员应当具有大学本科及以上学历或学位。原参加2019年度监理工程师执业资格考试，学历为大专及以下，且具有有效期内科目合格成绩的人员，可以在试点地区继续报名参加考试。

（2）已取得监理工程师一种专业职业资格证书的人员，报名参加其他专业科目考试的，

可免考基础科目。考试合格后,核发人力资源社会保障部门统一印制的相应专业考试合格证明。该证明作为注册时增加执业专业类别的依据。

（3）具备以下条件之一的,参加监理工程师职业资格考试可免考基础科目:

① 已取得公路水运工程监理工程师资格证书;

② 已取得水利工程建设监理工程师资格证书。

3. 考试内容

监理工程师职业资格考试成绩实行4年为一个周期的滚动管理办法,在连续的4个考试年度内通过全部考试科目,方可取得监理工程师职业资格证书。参加原监理工程师执业资格考试并在有效期内的合格成绩有效期顺延,按照4年为一个周期管理。《建设工程监理基本理论和相关法规》《建设工程合同管理》《建设工程质量、投资、进度控制》《建设工程监理案例分析》科目合格成绩分别对应《建设工程监理基本理论和相关法规》《建设工程合同管理》《建设工程目标控制》《建设工程监理案例分析》科目。

4. 考试方式和管理

（1）国家注册监理工程师

国家注册监理工程师执业资格考试实行全国统一考试大纲、统一命题、统一组织、统一时间、闭卷考试、分科计分、统一录取标准的办法,一般每年举行一次。

对考试合格人员,由省、自治区、直辖市人民政府人事行政主管部门颁发由国务院人事行政主管部门统一印制,国务院人事行政主管部门和建设行政主管部门共同用印的《监理工程师执业资格证书》。取得执业资格证书并经注册后,即成为监理工程师。

（2）地方注册监理工程师

除了全国统一的监理工程师执业资格考试外,一些省、自治区考虑到地方建设工程监理人才的需求,出台了地方性的监理工程师岗位证书资格考试政策,取得资格证书并经注册后可以在相应行政区域内进行监理执业。地方性考试的科目大多与全国统一考试相同,一般在报考学历或从业资历上较国家考试有所放宽。

（3）总监理工程师资格

国家级考试中未对总监理工程师执业资格设定考试,但一些省、自治区出台地方性政策对总监理工程师设定了执业资格考试,如四川省将总监理工程师分为一、二、三级,符合相应级别标准的监理工程师取得项目总监培训结业证者,由所在监理单位及所属市、地、州初审并签署意见,报省建设行政主管部门批准后,方可参加项目总监考试。项目总监考试合格者,由省建设行政主管部门根据项目总监的标准和监理市场需求予以复审认定,发给相应等级的项目总监证书。才可担任相应等级建设项目的总监理工程师。

（4）监理工程师业务水平认定考试

《注册监理工程师管理规定》（建设部令第147号）对注册监理工程师并不分级,但一些地方出台政策对地方性质的监理工程师设定了分级别的业务水平认定考试,如山东省就将其分为初级、中级、高级三个等级,职称和监理资历达到相应标准并经认定考试成绩合格者为相应级别的地方监理工程师。

3.2.2 监理工程师注册

注册制度是政府对监理从业人员实行市场准入控制的有效手段。监理人员经注册,即表明获得了政府对其以监理工程师名义从业的行政许可,因而具有相应工作岗位的责任和权力。仅取得《监理工程师执业资格证书》,没有取得《监理工程师注册证书》和执业印章的人员,则不具备这些权力,不得以注册监理工程师的名义从事工程监理及相关业务活动。

监理工程师的注册依据其所学专业、工作经历、工程业绩,按照《工程监理企业资质管理规定》划分的工程类别,按专业注册。每人最多可以申请两个专业注册。并且只能通过聘用单位向建设主管部门提出注册申请。

1. 注册

注册分为初始注册、延续注册和变更注册三种形式。

（1）初始注册

初始注册者,可自资格证书签发之日起 3 年内提出申请。逾期未申请者,须符合继续教育的要求后方可申请初始注册。申请初始注册,应当具备以下条件：

① 经全国注册监理工程师执业资格统一考试合格,取得资格证书。

② 受聘于一个相关单位。

初始注册的程序是：申请人向聘用单位提出申请；聘用单位同意后,连同申请材料由聘用企业向所在省、自治区、直辖市人民政府建设行政主管部门提出申请；省、自治区、直辖市人民政府建设行政主管部门初审合格后,报国务院建设行政主管部门；国务院建设行政主管部门对初审意见进行审核,对符合条件者准予注册,并颁发由国务院建设行政主管部门统一印制的《监理工程师注册证书》和执业印章。执业印章由监理工程师本人保管。

国务院建设行政主管部门对监理工程师初始注册每年定期集中审批一次,并实行公示、公告制度,对符合注册条件的进行网上公示,经公示未提出异议的予以批准确认。

（2）延续注册

监理工程师每一注册有效期为 3 年,注册有效期满需继续执业的,应当在注册有效期满30 日前,按规定的程序申请并提供相关资料进行延续注册。延续注册有效期 3 年。

（3）变更注册

注册有效期内,注册监理工程师变更执业单位,应当与原聘用单位解除劳动关系,并按规定的程序办理变更注册手续,变更注册后仍延续原注册有效期。

2. 不予注册

不予初始注册、延续注册或变更注册的情形有：不具有完全民事行为能力；刑事处罚尚未执行完毕或因从事工程监理或相关业务受到刑事处罚,自刑事处罚执行完毕之日起至申请注册之日止不满 2 年；未达到监理工程师继续教育要求；在两个或两个以上单位申请注册；以虚假的职称证书参加考试并取得资格证书；年龄超过 65 周岁；法律法规规定不予注册的其他情形。

3.2.3　注册监理工程师的继续教育

注册后的监理工程师不能一劳永逸地停留在原有知识水平上,而要及时掌握与工程监理有关的法律法规、标准规范和政策,熟悉工程监理与工程项目管理的新理论、新方法,了解工程建设新技术、新材料、新设备及新工艺,适时更新业务知识,不断提高注册监理工程师业务素质和执业水平,以适应开展工程监理业务和工程监理事业发展的需要。因此,监理工程师每年都要接受一定学时的继续教育。

《注册监理工程师继续教育暂行办法》规定,监理工程师在每一注册有效期(3 年)内应接受 96 学时的继续教育,其中必修课和选修课各为 48 学时。必修课 48 学时每年可安排 16 学时。选修课 48 学时按注册专业安排学时,只注册一个专业的,每年接受该注册专业选修课 16 学时的继续教育;注册两个专业的,每年接受相应两个注册专业选修课各 8 学时的继续教育。

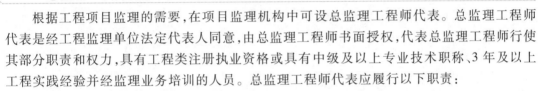

一般监理人员包括专业监理工程师、监理员。他们是属于监理机构的执行层和操作层,在总监理工程师的领导下开展工作。

监理员

3.3.1 总监理工程师代表

根据工程项目监理的需要,在项目监理机构中可设总监理工程师代表。总监理工程师代表是经工程监理单位法定代表人同意,由总监理工程师书面授权,代表总监理工程师行使其部分职责和权力,具有工程类注册执业资格或具有中级及以上专业技术职称、3 年及以上工程实践经验并经监理业务培训的人员。总监理工程师代表应履行以下职责:

① 负责总监理工程师指定或交办的监理工作。

② 按总监理工程师的授权,行使总监理工程师的部分职责和权力。

3.3.2 专业监理工程师

专业监理工程师是由总监理工程师授权,负责实施某一专业或某一岗位的监理工作,有相应监理文件签发权,具有工程类注册执业资格或具有中级及以上专业技术职称、2 年及以上工程实践经验并经监理业务培训的人员。

专业监理工程师应履行以下职责:

① 参与编制监理规划,负责编制监理实施细则。

② 审查施工单位提交的涉及本专业的报审文件,并向总监理工程师报告。

③ 参与审核分包单位资格。

④ 指导、检查监理员工作,定期向总监理工程师报告本专业监理工作实施情况。

⑤ 检查进场的工程材料、构配件、设备的质量。

⑥ 验收检验批、隐蔽工程、分项工程,参与验收分部工程。

⑦ 处置发现的质量问题并消除安全事故隐患。

⑧ 进行工程计量。

⑨ 参与工程变更的审查和处理。

⑩ 组织编写监理日志,参与编写监理月报。

⑪ 收集、汇总、参与整理监理文件资料。

⑫ 参与工程竣工预验收和竣工验收。

3.3.3 监理员

监理员是从事具体监理工作,具有中专及以上学历并经过监理业务培训的人员。

监理员应履行以下职责:

① 检查施工单位投入工程的人力、主要设备的使用及运行状况。

② 进行见证取样。

③ 复核工程计量有关数据。

④ 检查工序施工结果。

⑤ 发现施工作业中的问题,及时指出并向专业监理工程师报告。

3.4 建设工程监理企业

建设工程
监理企业

建设工程监理企业是指取得工程监理企业资质证书,具有法人资格的监理公司、监理事务所和兼承监理业务的工程设计、科学研究及工程建设咨询的单位,它是监理工程师的执业机构。

3.4.1 建设工程监理企业的分类

建设工程监理企业类别有多种,一般有以下几种分类。

1. 按企业组织形式分

(1) 公司制监理企业

公司制监理企业又分为有限责任公司和股份有限公司。

(2) 合资工程监理企业

合资工程监理企业包括国内企业合资组建的工程监理企业,也包括中外企业合资组建的工程监理企业。

(3) 合作工程监理企业

对于工程规模大、技术复杂的建设工程项目监理,一家工程监理企业难以胜任时,往往由两家,甚至更多家工程监理企业共同合作监理,并组成合作工程监理企业,经工商局注册后以独立法人的资格享有民事权利,承担民事责任。仅合作监理而不注册,不构成合作工程监理企业。

2. 按隶属关系分

(1) 独立法人工程监理企业

(2) 附属机构工程监理企业

指企业法人中专门从事工程建设监理工作的内设机构。如一些科研单位、设计单位内设的“监理部”。

3. 按资质等级和工程类别分

工程监理企业资质分为综合资质、专业资质和事务所资质。其中,专业资质按照工程性质和技术特点划分为 14 个专业工程类别,详见表 3-1。

表 3-1 专业资质注册监理工程师人数配备表   人

序号	工程类别	甲级	乙级	丙级
1	房屋建筑工程	15	10	5
2	冶炼工程	15	10	
3	矿山工程	20	12	
4	化工石油工程	15	10	
5	水利水电工程	20	12	5

序号	工程类别	甲级	乙级	丙级
6	电力工程	15	10	
7	农林工程	15	10	
8	铁路工程	23	14	
9	公路工程	20	12	5
10	港口与航道工程	20	12	
11	航天航空工程	20	12	
12	通信工程	20	12	
13	市政公用工程	15	10	5
14	机电安装工程	15	10	

注:表中各专业资质注册监理工程师人数配备是指企业取得本专业工程类别注册的注册监理工程师人数。

综合资质、事务所资质不分级别。专业资质分为甲级、乙级;其中,房屋建筑、水利水电、公路和市政公用专业资质可设立丙级。综合资质和甲级资质由省、自治区、直辖市人民政府建设主管部门初审,涉及铁路、交通、水利、通信、民航等专业工程监理资质的,由国务院有关部门审核,最后由国务院建设行政主管部门负责审批。乙级和丙级资质由省、自治区、直辖市人民政府建设行政主管部门负责定级审批并公示。专业乙级、丙级资质和事务所资质由企业所在地省、自治区、直辖市人民政府建设主管部门审批。

3.4.2　建设工程监理企业资质构成要素

建设工程监理企业资质是指工程监理企业的综合实力,包括企业技术能力、业务及管理水平、经营规模、社会信誉等,它主要体现在监理能力和监理效果上。

1. 监理人员素质

建设工程监理企业是技术服务型企业,监理人员的素质尤为重要。建设工程监理企业的技术负责人和工程项目总监理工程师,必须具备深厚的技术、经济、管理、法律等多方面的知识,同时要有较强的组织协调能力。在监理企业内,除配备少量后勤人员外,一般不配备无专业知识的人员。

2. 专业配套能力

监理企业应该按它的监理业务范围的要求来配备专业人员,各专业都应拥有素质较高、能力较强的骨干监理人才。专业监理人员配备是否齐全,在很大程度上决定了监理企业监理能力的强弱。

3. 建设工程监理企业的技术装备

建设工程监理企业从事的是一种科学性很强的管理工作,必须配备一定的技术装备,作为进行科学管理的辅助手段。这些装备主要有:计算机办公自动化设备、工程测量仪器和设备、检测仪器设备、交通通信设备、照相录像设备等。

一些技术设备一般由建设工程监理企业自行装备,如计算机、工程测量仪器设备等。一些大型、特殊专业和昂贵的技术装备应该由工程项目发包人提供给建设工程监理企业使用,建设工程监理企业完成约定的监理业务后把这些设备归还工程项目发包人。一些应由发包人提供而不能提供的设备,建设工程监理企业可委托有这些设备的单位进行检测检验,发生的费用应该由工程项目发包人负责。

4. 建设工程监理企业管理水平

建设工程监理企业的管理水平,主要取决于两个因素,一是领导者的素质和能力,二是企业规章制度的建立和实行情况。

5. 建设工程监理企业的经历和监理成效

(1)建设工程监理企业的经历

一般来说,建设工程监理企业的经营时间越长,监理的工程项目越多,规模越大,技术越复杂,监理能力和监理效果就会越好。监理经历是构成建设工程监理企业资质的重要因素。

(2)监理成效

监理成效主要是指建设工程监理企业控制工程建设投资、工期和保证工程质量方面取得的效果。监理成效是一个建设工程监理企业人员素质、专业配套能力、技术装备水平和管理水平以及监理经历的综合反映。在审定建设工程监理企业资质时,规定必须有一定数量的经监理已经竣工的工程。

3.4.3　建设工程监理企业资质等级标准和业务范围

建设工程监理企业应当按照所拥有的注册资本、专业技术人员数量和监理业绩等资质条件申请资质,经审查合格,取得相应等级的资质证书后,才能在其资质等级许可的范围内从事工程监理活动。

建设工程监理企业的资质包括主项资质和增项资质。建设工程监理企业如果申请多项专业工程资质,则其主要选择的一项为主项资质,其余的为增项资质。增项资质级别不得高于主项资质级别。

1. 建设工程监理企业资质等级标准

(1)建设工程监理企业综合资质、专业资质(甲、乙、丙)的等级标准(表3-2)

表 3-2　建设工程监理企业综合资质、专业资质(甲、乙、丙)的等级标准

序号	资质要求	综合	甲级	乙级	丙级
1	具有独立法人资格且注册资本不少于	600万元	300万元	100万元	50万元
2	企业技术负责人应为注册监理工程师	具有15年以上从事工程建设工作的经历或者具有工程类高级职称	具有15年以上从事工程建设工作的经历或者具有工程类高级职称	具有10年以上从事工程建设工作的经历	具有8年以上从事工程建设工作的经历
3	注册监理工程师不少于	60人	相应专业注册监理工程师不少于表3-1规定的人数	相应专业注册监理工程师不少于表3-1规定的人数	相应专业注册监理工程师不少于表3-1规定的人数

续表

序号	资质要求	综合	甲级	乙级	丙级
3	一级注册建造师、一级注册建筑师、一级注册结构工程师或者其他勘察设计注册工程师合计	不少于 15 人次	不少于 25 人次（含注册监理工程师和注册造价工程师）	不少于 15 人次（含注册监理工程师和注册造价工程师）	
	注册造价工程师不少于	5 人	2 人	1 人	
4	业绩（或资质）	具有 5 个以上工程类别的专业甲级工程监理资质	近 2 年内独立监理过 3 个以上相应专业的二级工程项目，具有甲级设计资质或一级及以上施工总承包资质的企业申请本专业工程类别甲级资质的除外		
5	企业管理	有完善的组织结构和质量管理体系，有健全的技术、档案等管理制度	有完善的组织结构和质量管理体系，有健全的技术、档案等管理制度	有较完善的组织结构和质量管理体系，有技术、档案等管理制度	有必要的质量管理体系和规章制度
6	工程试验检测设备	企业具有必要的工程试验检测设备	企业具有必要的工程试验检测设备	有必要的工程试验检测设备	有必要的工程试验检测设备
7	违规行为	申请工程监理资质之日前一年内没有被禁止的违规行为			
8	质量事故	申请工程监理资质之日前一年内没有因本企业监理责任造成重大质量事故			
9	安全事故	申请工程监理资质之日前一年内没有因本企业监理责任发生三级以上工程建设重大安全事故或者发生两起以上四级工程建设安全事故			

注：国务院 493 号令发布后，工程安全事故分为一般、较大、重大、特别重大四个等级，不再按建设部 3 号令的一、二、三、四级划分。建质〔2010〕111 号文规定的建设工程质量事故的等级划分与国务院 493 号令相同。

（2）事务所资质标准

① 取得合伙企业营业执照，具有书面合作协议书。

② 合伙人中有 3 名以上注册监理工程师，合伙人均有 5 年以上从事建设工程监理的工作经历。

③ 有固定的工作场所。

④ 有必要的质量管理体系和规章制度。

⑤ 有必要的工程试验检测设备。

2. 业务范围

综合资质可以承担所有专业工程类别建设工程项目的工程监理业务以及相应类别建设工程的项目管理、技术咨询等相关服务。专业甲级资质可承担相应专业工程类别建设工程项目的工程监理业务以及相应类别建设工程的项目管理、技术咨询等相关服务;专业乙级资质可承担相应专业工程类别二级以下(含二级)建设工程项目的工程监理业务以及相应类别建设工程的项目管理、技术咨询等相关服务;专业丙级资质可承担相应专业工程类别三级建设工程项目的工程监理业务以及相应类别建设工程的项目管理、技术咨询等相关服务。事务所资质可承担三级建设工程项目的工程监理业务以及相应类别建设工程的项目管理、技术咨询等相关服务,但是,国家规定必须实行强制监理的工程除外。

3.4.4 建设工程监理企业的资质申请

建设工程监理企业申请资质,一般要到企业注册所在地的县级以上地方人民政府建设行政主管部门办理有关手续。建设工程监理企业的增项资质可以与其主项资质同时申请,也可以在每年资质审批期间独立申请。新设立的建设工程监理企业,其资质等级按照最低等级核定,并设 1 年的暂定期。

3.4.5 建设工程监理企业的资质管理

为了加强对建设工程监理企业的资质管理,保障其依法经营业务,促进建设工程监理事业的健康发展,国家建设行政主管部门对建设工程监理企业资质管理工作制定了相应的管理规定。

1. 建设工程监理企业资质管理机构及其职责

根据我国现阶段管理体制,我国建设工程监理企业的资质管理确定的原则是"分级管理,统分结合",按中央和地方两个层次进行管理。

国务院建设行政主管部门负责全国建设工程监理企业资质的归口管理工作。涉及铁道、交通、水利、信息产业、民航等专业工程监理资质的,由国务院铁道、交通、水利、信息产业、民航等有关部门配合国务院建设行政主管部门实施资质管理工作。

省、自治区、直辖市人民政府建设行政主管部门负责本行政区域内建设工程监理企业资质的归口管理工作,省、自治区、直辖市人民政府交通、水利、通信等有关部门配合同级建设行政主管部门实施相关资质类别的建设工程监理企业资质的管理工作。

2. 建设工程监理企业资质管理内容

建设工程监理企业资质管理,主要是指对建设工程监理企业的设立、定级、升级、降级、变更、终止等的资质审查或批准及资质年检工作等。

(1)资质审批制度

对于建设工程监理企业资质条件符合资质等级标准,并且未发生违规行为的,建设行政主管部门将向其颁发相应资质等级的《工程监理企业资质证书》。违规行为包括:

① 与建设单位串通或者与其他建设工程监理企业串通投标,以行贿手段谋取中标。

② 与建设单位或施工单位串通弄虚作假、降低工程质量。

③ 将不合格的建设工程、建筑材料、建筑构配件和设备按照合格签字。

④ 超越本企业资质等级或者以其他企业名义承揽监理业务。

⑤ 允许其他单位或个人以本企业的名义承揽工程。

⑥ 将承揽的监理业务转包。

⑦ 在监理过程中实施商业贿赂。

⑧ 涂改、伪造、出借、转让工程监理企业资质证书。

⑨ 其他违反法律法规的行为。

《工程监理企业资质证书》分为正本和副本，具有同等法律效力。建设工程监理企业在领取新的《工程监理企业资质证书》的同时，应当将原资质证书交回原发证机关予以注销。任何单位和个人均不得涂改、伪造、出借、转让《工程监理企业资质证书》，不得非法扣压、没收《工程监理企业资质证书》。

建设工程监理企业因破产、倒闭、撤销、歇业的，应当将资质证书交回原发证机关予以注销。

（2）资质审批公示公告制度

资质初审工作完成后，初审结果先在中国工程建设信息网上公示。经公示后，对于建设工程监理企业符合资质标准的，予以审批，并将审批结果在中国工程建设信息网上公示。实行这一制度的目的是提高资质审批工作的透明度，便于社会监督，从而增强其公正性。

（3）资质年检制度

对建设工程监理企业实行资质年检，是政府对监理企业实行动态管理的重要手段，目的在于督促企业不断加强自身建设，提高企业管理水平和监理工作业务水平。

资质年检一般由资质审批部门负责，并应在下年一季度进行。年检内容包括：检查建设工程监理企业资质条件是否符合资质等级标准，是否存在质量、市场行为等方面的违法违规行为。年检结论分为合格、基本合格、不合格三种。

对于资质年检不合格或者连续两年基本合格的建设工程监理企业，建设行政主管部门应当重新核定其资质等级。新核定的资质等级应当低于原资质等级，达不到最低资质等级标准的，则要取消资质。

建设工程监理企业在规定时间内没有参加资质年检，其资质证书将自行失效，而且一年内不得重新申请资质。

3.5 建设工程监理企业经营及管理

3.5.1 建设工程监理企业经营活动基本准则

建设工程监理企业从事建设工程监理活动，应当遵循"守法、诚信、公正、科学"的准则。

1. 守法

守法，即遵守国家的法律法规。对于建设工程监理企业来说，守法即是要依法经营，主要体现在：建设工程监理企业只能在核定的业务范围内开展经营活动；认真履行监理委托合同；建设工程监理企业离开原住所地承接监理业务，要自觉遵守当地人民政府颁发的监理法规和有关规定，主动向监理工程所在地的省、自治区、直辖市建设行政主管部门备案登记，接受其指导和监督管理。

2. 诚信

诚信，即诚实守信。信用是企业的一种无形资产，加强企业信用管理，提高企业信用

建设工程
监理企业
经营与管
理

水平,是完善我国工程监理制度的重要保证。建设工程监理企业应当建立健全企业的信用管理制度,及时主动与发包人进行信息沟通,增强相互间的信任;及时检查和评估企业信用的实施情况。

3. 公正

公正,是指建设工程监理企业在监理活动中既要维护业主的利益,又不能损害承包人的合法权益,并依据合同公平合理地处理发包人与承包人之间的争议。建设工程监理企业要做到公正,应该:具有良好的职业道德;坚持实事求是;熟悉有关建设工程合同条款;提高专业技术能力;提高综合分析判断问题的能力。

4. 科学

科学,是指建设工程监理企业要依据科学的方案,运用科学的手段,采取科学的方法开展监理工作。工程监理工作结束后,还要进行科学的总结。

3.5.2　建设工程监理企业的企业管理

强化企业管理,提高科学管理水平,是建立现代企业制度的要求,也是监理企业提高市场竞争能力的重要途径。监理企业管理应抓好成本管理、资金管理、质量管理,增强法治意识,依法经营管理。

1. 基本管理措施

监理企业应重点做好以下几方面工作:

(1) 市场定位

要加强自身发展战略研究,适应市场,根据本企业实际情况,合理确定企业的市场地位,制定和实施明确的发展战略、技术创新战略,并根据市场变化适时调整。

(2) 管理方法现代化

要广泛采用现代管理技术、方法和手段,推广先进企业的管理经验,借鉴国外企业现代管理方法。应当积极推行 ISO 9000 质量管理体系贯标认证工作,严格按照质量手册和程序文件的要求规范企业的各项工作。

(3) 建立市场信息系统

要加强现代信息技术的运用,建立敏捷、准确的市场信息系统,掌握市场动态。

(4) 严格贯彻实施《建设工程监理规范》

企业应结合实际情况,制定相应的《建设工程监理规范》实施细则,组织全员学习,在签订委托监理合同、实施监理工作、检查考核监理业绩、制定企业规章制度等各个环节,都应当以《建设工程监理规范》为主要依据。

2. 建立健全各项内部管理规章制度

监理企业规章制度一般包括:组织管理、人事管理、劳动合同管理、财务管理、经营管理、设备管理、科技管理、档案文书管理及项目监理机构管理等制度。

3. 市场开发

(1) 取得监理业务的基本方式

建设工程监理企业承揽监理业务的方式有两种:一是通过投标竞争取得监理业务;二是由发包人直接委托取得监理业务。通过投标取得监理业务,是市场经济体制下比较普遍的形式。《中华人民共和国招标投标法》明确规定,关系公共利益安全、政府投资、外资工程等实行监理必须招标。在不宜公开招标的机密工程或没有投标竞争对手的情况下,或者是工程规模比较小、比较单一的监理业务,或者是对原建设工程监理企业的续用等情况下,发包人也可以直接委托建设工程监理企业。

（2）建设工程监理企业投标书的核心

建设工程监理企业向发包人提供的是管理服务,因此建设工程监理企业投标书的核心是反映所提供的管理服务水平高低的监理大纲,尤其是主要的监理对策。发包人在监理招标时应以监理大纲的水平作为评定投标书优劣的重要内容,而不应把监理费的高低当作选择建设工程监理企业的主要评定标准。作为建设工程监理企业,不应该以降低监理费作为竞争的主要手段去承揽监理业务。

一般情况下,监理大纲中主要的监理对策是指:根据监理招标文件的要求,针对发包人委托监理工程的特点,初步拟订的该工程的监理工作指导思想,主要的管理措施、技术措施,拟投入的监理力量及为搞好该项工程建设而向发包人提出的原则性的建议等。

4. 监理合同

为了明确项目发包人与监理人之间的权利、义务关系,双方必须以《建设工程委托监理合同(示范文本)》(GF—2018—0202)为基础签订委托监理合同。签订监理合同时应当注意对监理工作的内容和监理范围、监理应得的报酬和支付方式、追加额外工作时报酬的确定、工期延误时监理报酬变更等条款的约定。

5. 建设工程监理费的计算方法

建设工程监理费是指发包人依据委托监理合同支付给监理企业的监理酬金。它是构成工程概(预)算的一部分,在工程概(预)算中单独列支。建设工程监理费由监理直接成本、监理间接成本、税金和利润四部分构成。

监理费用的计算有政府指导价和市场调节价两类方法。

（1）政府指导价

国家发展改革委、建设部于 2007 年 3 月颁布了《建设工程监理与相关服务收费管理规定》,该规定明确依法必须实行监理的建设工程施工阶段的监理收费实行政府指导价(允许浮动幅度为上下 20%);其他建设工程施工阶段的监理收费和其他阶段的监理与相关服务收费实行市场调节价。

政府指导价的施工监理服务收费计算是以建设项目工程概算投资额分档定额计费方式收费的,其计费额为工程概算中的建筑安装工程费、设备购置费和联合试运转费之和,即工程概算投资额。

政府指导价的施工监理服务收费按照下列公式计算:

施工监理服务收费＝施工监理服务收费基准价×(1±浮动幅度值)

施工监理服务收费基准价＝施工监理服务收费基价×专业调整系数×工程复杂程度调整系数×高程调整系数

施工监理服务收费基价见表 3-3。

表 3-3　施工监理服务收费基价表　　　　　　　　　　　　万元

序号	计费额	收费基价
1	500	16.5

续表

序号	计费额	收费基价
2	1 000	30.1
3	3 000	78.1
4	5 000	120.8
5	8 000	181.0
6	10 000	218.6
7	20 000	393.4
8	40 000	708.2
9	60 000	991.4
10	80 000	1 255.8
11	100 000	1 507.0
12	200 000	2 712.5
13	400 000	4 882.6
14	600 000	6 835.6
15	800 000	8 658.4
16	1 000 000	10 390.1

注:计费额处于两个数值区间的,采用直线内插法确定施工监理服务收费基价。计费额大于 1 000 000 万元的,以计费额乘以 1.039% 的收费率计算收费基价。其他未包含的收费由双方协商议定。

专业调整系数是对不同专业建设工程的施工监理工作复杂程度和工作量差异进行调整的系数。专业调整系数在该规定的《施工监理服务收费专业调整系数表》中查找确定。

工程复杂程度调整系数是对同一专业建设工程的施工监理复杂程度和工作量差异进行调整的系数。工程复杂程度分为一般、较复杂和复杂三个等级,其调整系数分别为:一般(Ⅰ级)0.85;较复杂(Ⅱ级)1.0;复杂(Ⅲ级)1.15。工程复杂程度在该规定的《工程复杂程度表》中查找确定。

高程调整系数以海拔高程为依据:2 001 m 以下的为 1;2 001~3 000 m 为 1.1;3 001~3 500 m 为 1.2;3 501~4 000 m 为 1.3;海拔高程 4 001 m 以上的,高程调整系数由发包人和监理人协商确定。

《建设工程监理与相关服务收费管理规定》还给出了相应的人工费,见表 3-4。

表 3-4　建设工程监理与相关服务人员人工日费用标准

建设工程监理与相关服务人员职级	工日费用标准/元
一、高级专家	1 000~1 200
二、高级专业技术职称的监理与相关服务人员	800~1 000
三、中级专业技术职称的监理与相关服务人员	600~800
四、初级及以下专业技术职称监理与相关服务人员	300~600

（2）市场调节价

市场调节价的建设工程监理与相关服务收费，由发包人与监理人协商确定收费额。计算方法主要有：

① 按建设工程投资的百分比计算法　按照工程规模的大小和所委托的监理工作的繁简，以建设工程投资的一定百分比来计算监理费的方法比较简便，发包人和建设工程监理企业均容易接受。采用这种方法的关键是确定计算监理费的基数。

② 工资加一定比例的其他费用计算法　这种方法是以项目监理机构监理人员的实际工资为基数乘上一个系数而计算出来的。这个系数包括了应有的间接成本和税金、利润等。除了监理人员的工资之外，其他各项直接费用等均由发包人另行支付。一般情况下，较少采用这种方法，因为在核定监理人员数量和监理人员的实际工资方面，发包人与建设工程监理企业之间难以取得完全一致的意见。

③ 按时计算法　根据委托监理合同约定的服务时间（计算时间的单位可以是小时，也可以是工作日或月），按照单位时间监理服务费来计算监理费的总额。单位时间的监理服务费一般是以建设工程监理企业员工的基本工资为基础，加上一定的管理费和利润（税前利润）。采用这种方法时，监理人员的差旅费、工作函电费、资料费以及试验和检验费、交通费等均由发包人另行支付。

这种计算方法主要适用于临时性的、短期的监理业务，或者不宜按工程概（预）算的百分比等其他方法计算监理费的监理业务。由于这种方法在一定程度上限制了建设工程监理企业潜在效益的增加，因而，单位时间内监理费的标准比建设工程监理企业内部实际的标准要高得多。

④ 固定价格计算法　这种方法是指在明确监理工作内容的基础上，发包人与监理企业协商一致确定的固定监理费，或者监理企业在投标中以固定价格报价并中标而形成的监理合同价格。当工作量有所增减时，一般也不调整监理费。这种方法适用于监理内容比较明确的中小型工程监理费的计算，发包人和建设工程监理企业都不会承担较大的风险。如住宅工程的监理费，可以按单位建筑面积的监理费乘以建筑面积确定监理总价。

6. 建立风险管理制度

任何类型和规模的组织都面临风险，组织的所有活动也都涉及风险。风险会影响组织目标的实现，这些目标可能关系到组织中从战略决策到运营的各种活动。对建设工程监理，由于在实践中存在执业环境复杂、多方参与、监理执业能力参差不齐和在执业过程中的疏忽等执业风险，风险性成为建设工程监理执业不可避免的特性，建设工程监理面临着因为一次执业过失而承担巨额赔偿的法律责任的风险，这种风险甚至可能会导致监理企业破产。因此，监理企业必须加强风险管理，建立起完善的风险识别、评价和防范管理机制。

（1）项目监理的风险源

风险是负面影响目标实现的事件发生的概率与其后果的组合。对建设工程而言，风险一般可分为自然风险、经济风险、社会政治风险、技术风险、管理风险、合同风险等。按来源发生的单位，建设工程监理实施过程的风险源见表3-5。

（2）风险管理

风险管理是指对项目风险从识别到分析评估乃至采取应对措施等一列措施过程。它包括将积极因素所产生的影响最大化和使消极因素所产生的影响最小化两方面内容。

表 3-5　建设工程项目风险

风险来源		风险事件
项目参建单位	建设单位	合同风险 不规范行为(如拖欠工程款、随意干扰监理工作等) 资信差
	勘察设计单位	勘察有误 设计失误 设计变更频繁
	施工单位	人员素质差 管理水平低 违规行为(如非法转包、违法分包、不服从监理等)
	其他参与方	不规范行为 难以协调、沟通 不予配合、支持
	监理单位自身	监理合同风险 人员素质风险 管理风险
项目外部环境	自然环境	地震、洪水、复杂水文地质情况、恶劣气候、施工环境
	社会与政治	法规、规章变化;经济制裁或禁运;社会治安环境等
	经济	通货膨胀、物价上涨、汇率变化、资金不到位或短缺等

风险管理包括:风险界定、风险辨识、风险估计、风险评价、风险控制五个环节(图 3-1)。

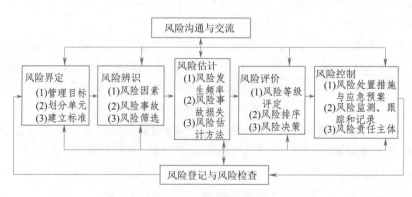

图 3-1　风险管理内容

① 风险界定　分析工程建设风险管理目标及对象,划分风险评估单元。

② 风险辨识　调查识别工程建设中潜在的风险类型、发生地点、时间及原因,并进行筛选、分类。通常,可能出现的风险有:

a. 合同风险　监理项目投标之前,可行性研究不充分,未能准确估计监理工作量、监理费用和监理风险;或者为了揽到监理合同,对委托单位的苛刻要求随意让步,如不合理的工期要求、业主自身负责的工作拖延、随便插手干预工程等;施工单位素质低劣,不具备与工程相应的技术和管理能力,甚至违规作业、偷工减料等。

b. 技术风险　特别是采用新结构、新材料、新工艺、新设备的工程,可能出现监理工程师尽职尽责,但受监理工程师的技术水平和业务素质所限,未能发现本应该发现的问题,发生工程质量事故。

c. 管理风险　监理单位的管理机制不健全,造成人浮于事、互相扯皮;或者工作严重失职;或者个人贪利放弃监控,甚至虚假签证等。

③ 风险估计　对辨识的工程建设风险发生的可能性及其损失进行估算。并尽可能将风险损失的程度和发生可能性量化,根据量化的结果,按高风险、中风险、低风险确定风险因素对监理项目的影响程度,以便采取不同级别的防范对策措施。

④ 风险评价　对工程建设风险进行等级评定、风险排序与风险决策。

⑤ 风险控制　制定风险处置措施及应急预案,实施风险监测、跟踪与记录。风险处置措施包括风险消除、风险降低、风险转移和风险自留四种方式。风险控制是整个项目风险管理最重要步骤,只有客观地面对风险,采取措施,才能降低风险。例如,对于技术风险较大的建设工程,可以联合几家工程监理企业组成联合体共同承担监理业务,以分担风险。

风险管理流程如图 3-2 所示。

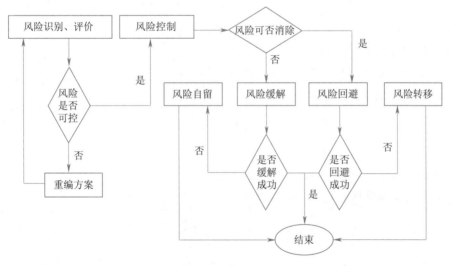

图 3-2　风险管理流程

（3）实施过程的监督与控制

风险管理的实施过程应该是动态的,需要加强监督与控制,分析风险应对策略是否正确、可行,实施效果是否符合项目的总目标,并进行适时的调控。

（4）监理职业责任保险

监理职业责任保险是一种风险转移或风险分担的重要措施,20 世纪初国外出现了工程监理职业责任保险,目前在西方一些国家已经发展得相对稳定。其监理职业责任保险分为强制保险和自愿保险,具体有三种形式:一种是政府将强制保险的权利赋予其从业人员协会,由从业人员协会来推行和监督工程监理职业责任保险;另一种是保险中介机构在其中发挥着重要的作用,通过保险中介机构来协调和联系保险公司和客户;还有一种是监理企业或者从业人员根据委托人的要求找保险公司投保。前两种是政府规定的强制保险。

我国的工程监理职业责任保险制度首先发端于东部沿海较为发达的地区。2002 年 4 月,上海市建设监理协会协同监理企业和天安保险公司在国内率先推出工程监理责任保险,上海外建建设咨询监理有限公司投保 1 000 万元的监理责任保险成为国内第一份监理职业责任保单,当年有 8 家监理单位投保,全年投保金额总计近 40 亿元,其中两家监理企业属单项投保,投保金额约 7 亿元。随后,深圳市在 2002 年 8 月通过的《深圳经济特区建设工程监理条例》中规定"监理企业应当为其工程监理从业人员办理执业责任保险,具体办法由市主管部门另行规定。未办理职业责任保险的,不得承担监理业务"。虽然已经经过了十来年的发展,但我国的工程监理责任保险制度仍处在起步和试行阶段。

随着市场经济的发展,推行监理职业责任保险制度,将成为发展趋势。因为它是提高工程监理水平,保证工程质量,完善市场管理制度,建立社会监督体系的重要措施;是强化工程监理单位与监理工程师法律责任,监督其依法执业,减少监理工作风险的有效办法;是控制监理风险,增强工程监理企业抵抗风险能力的有效途径。

思考题

1. 实行监理工程师执业资格考试和注册制度的目的是什么?
2. 监理工程师应具备什么样的知识结构?
3. 监理工程师应遵循的职业道德守则有哪些?
4. 监理工程师的注册条件是什么?
5. 试论监理工程师的法律责任。
6. 设立建设工程监理企业的基本条件是什么?
7. 建设工程监理企业的资质要素包括哪些内容?
8. 建设工程监理企业经营活动的基本准则是什么?
9. 监理费的构成有哪些? 如何计算监理费?

第4章

建设工程监理组织

4.1 建设工程承发包模式与监理模式

建立精干、高效的项目监理机构并使之正常运行,是实现建设工程监理目标的前提条件。

建设工程项目监理机构的组织结构形式很大程度上受工程项目承发包模式的影响。工程项目主要有平行承发包、设计或施工总分包、项目总承包、项目总承包管理和设计与(或)施工联合体承包等模式。

4.1.1 平行承发包模式与监理模式

1. 平行承发包模式

平行承发包模式是业主作为发包人将工程项目的设计、施工及材料设备采购等任务经过分解分别发包给若干个承包人(设计单位、施工单位和材料设备供应单位),并分别与各承包人签订承包合同。各承包人之间的关系是平行的,如图4-1所示。

平行承发包模式与监理模式、设计或施工总分包模式与监理模式

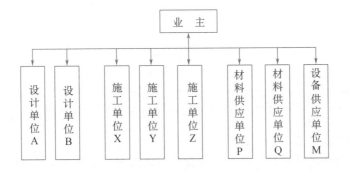

图4-1　建设工程平行承发包模式

2. 平行承发包模式的优缺点

（1）优点

① 有利于缩短工期　由于设计和施工任务经过分解分别发包,设计阶段与施工阶段有可能形成搭接关系,从而缩短整个建设工程工期。

② 有利于质量控制　整个工程经过分解分别发包给各承建单位,合同约束与相互制约使每一部分能够较好地实现质量要求。如主体工程与装修工程分别由两个施工单位承包,当主体工程不合格时,装修单位是不会同意在不合格的主体工程上进行装修的,这相当于多

了一道质量控制环节。

③ 有利于发包人选择承包人　建筑市场中,专业性强、规模小的承包人一般占较大的比例。这种模式的合同内容比较单一、合同价值小、风险小,使它们有可能参与竞争。因此,无论大型承包人还是中小型承包人都有机会竞争,业主可以在较大范围内选择承包人,为提高择优性创造了条件。

（2）缺点

① 合同数量多,管理困难　合同关系复杂,使建设工程系统内结合部位数量增加,组织协调工作量大。因此,应加强合同管理的力度,加强各承包人之间的横向协调工作,沟通各种渠道,使工程有条不紊地进行。

② 投资控制难度大　多项合同价格需要确定,因此总合同价不易确定,影响投资控制实施;工程招标任务量大,需控制多项合同价格,增加了投资控制难度。

3. 平行承发包模式条件下的监理模式

（1）业主(发包人)委托一家监理单位监理

这种监理委托模式是指业主(发包人)只委托一家监理单位为其进行监理服务。这种模式要求被委托的监理单位应该具有较强的合同管理与组织协调能力,并能做好全面规划工作。监理单位的项目监理机构可以组建多个监理分支机构对各承包人分别实施监理。在具体的监理过程中,项目总监理工程师应重点做好总体协调工作,加强横向联系,保证建设工程监理工作的有效运行。这种监理模式如图4-2所示。

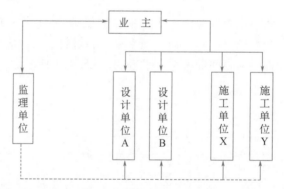

图4-2　平行承发包模式下委托一家监理单位的监理模式

（2）业主(发包人)委托多家监理单位监理

这种监理委托模式是指业主(发包人)委托多家监理单位为其进行监理服务。采用这种模式,发包人分别委托几家监理单位针对不同的承建单位实施监理。由于发包人分别与多个监理单位签订委托监理合同,所以各监理单位之间的相互协作与配合需要发包人进行协调。采用这种模式,监理单位对象相对单一,便于管理。但建设工程监理工作被肢解,各监理单位各负其责,缺少一个对建设工程进行总体规划与协调控制的监理单位。这种监理模式如图4-3所示。

4.1.2　设计或施工总分包模式与监理模式

1. 设计或施工总分包模式

设计或施工总分包,是业主将全部设计或施工任务发包给一个设计单位或一个施工单

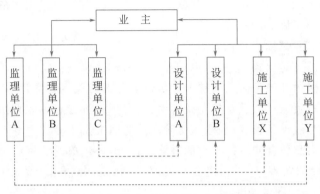

图 4-3　平行承发包模式下委托多家监理单位的监理模式

位作为总包单位,总包单位可以将其部分任务再分包给其他承包单位,形成一个设计总包合同或一个施工总包合同,以及若干个分包合同的结构模式,如图 4-4 所示。

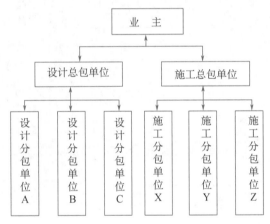

图 4-4　设计或施工总分包模式

2. 设计或施工总分包模式的优缺点

　　（1）优点

　　① 有利于建设工程的组织管理　由于业主只与一个设计总包单位或一个施工总包单位签订合同,工程合同数量比平行承发包模式要少很多,有利于业主的合同管理,也使业主协调工作量减少,可发挥监理与总包单位多层次协调的积极性。

　　② 有利于投资控制　总包合同价格可以较早确定,并且监理单位也易于控制。

　　③ 有利于质量控制　在质量方面,既有分包单位的自控,又有总包单位的监督,还有工程监理单位的检查认可,对质量控制有利。

　　④ 有利于工期控制　总包单位具有控制的积极性,分包单位之间也有相互制约的作用,有利于总体进度的协调控制,也有利于监理工程师控制进度。

　　（2）缺点

　　① 建设周期较长　由于设计图纸全部完成后才能进行施工总包的招标,不仅不能将设计阶段与施工阶段搭接,而且施工招标需要的时间也较长。

　　② 总包报价可能较高　一方面,对于规模较大的建设工程来说,通常只有大型承建单位

才具有总包的资格和能力,竞争相对不甚激烈;另一方面,对于分包出去的工程内容,总包单位都要在分包报价的基础上加收管理费向业主报价。

3. 设计或施工总分包模式条件下的监理模式

对设计或施工总分包模式,业主可以委托一家监理单位进行实施阶段全过程的监理,也可以分别按照设计阶段和施工阶段委托监理单位。前者的优点是监理单位可以对设计阶段和施工阶段的工程投资、进度、质量控制统筹考虑,合理地进行总体规划协调,更可使监理工程师掌握设计思路与设计意图,有利于施工阶段的监理工作。

虽然总包单位对承包合同承担乙方的最终责任,但分包单位的资质、能力直接影响着工程质量、进度等目标的实现,所以监理工程师必须做好对分包单位资质的审查、确认工作。这种监理模式如图 4-5、图 4-6 所示。

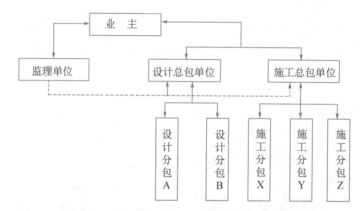

图 4-5　设计或施工总分包模式下委托一家监理单位的监理模式

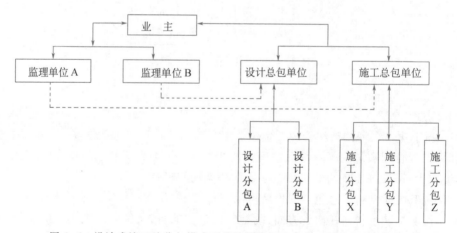

图 4-6　设计或施工总分包模式下分阶段委托多家监理单位的监理模式

项目总承
包模式与
监理模式、
项目总承
包管理模
式与监理
模式

4.1.3　项目总承包模式与监理模式

1. 项目总承包模式

项目总承包模式是指业主将工程设计、施工、材料和设备采购等工作全部发包给一家承包单位,由其进行实质性设计、施工和采购工作,最后向业主交出一个已达到动用条件的工程。按这种模式发包的工程也称"交钥匙工程"。这种模式如图 4-7 所示。

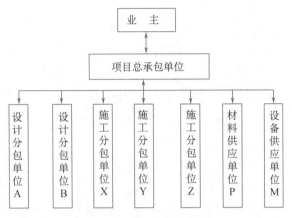

图 4-7 项目总承包模式

2. 项目总承包模式的优缺点

（1）优点

① 合同关系简单,组织协调工作量小 业主只与项目总承包单位签订一份合同,合同关系大大简化。监理工程师主要与项目总承包单位进行协调。许多协调工作量转移到项目总承包单位内部及其与分包单位之间,这就使建设工程监理的协调量大为减少。

② 缩短建设周期 由于设计与施工由一个单位统筹安排,使两个阶段能够有机地融合,一般都能做到设计阶段与施工阶段相互搭接,因此对进度目标控制有利。

③ 有利于投资控制 通过设计与施工的统筹考虑可以提高项目的经济性,从价值工程或全寿命费用的角度可以取得明显的经济效果,但这并不意味着项目总承包的价格低。

（2）缺点

① 招标发包工作难度大 合同条款不易准确确定,容易造成较多的合同争议。因此,虽然合同量最少,但是合同管理的难度一般较大。

② 业主择优选择承包人范围小 由于承包范围大、介入项目时间早、工程信息未知数多,因此承包人要承担较大的风险,而有此能力的承包单位数量相对较少,这往往导致合同价格较高。

③ 质量控制难度大 其原因:一是质量标准和功能要求不易做到全面、具体、准确,质量控制标准制约性受到影响;二是"他人控制"机制薄弱。

3. 项目总承包模式条件下的监理模式

在项目总承包模式下,一般宜委托一家监理单位进行监理。在这种模式下,监理工程师需具备较全面的知识,做好合同管理工作。这种监理模式如图 4-8 所示。

4.1.4 项目总承包管理模式与监理模式

1. 项目总承包管理模式

项目总承包管理是指业主将工程建设任务发包给专门从事项目组织管理的单位,再由它分包给若干设计、施工和材料设备供应单位,并在实施中进行项目管理。

项目总承包管理模式在国际工程项目管理中简称 PM 模式（project management）。项目

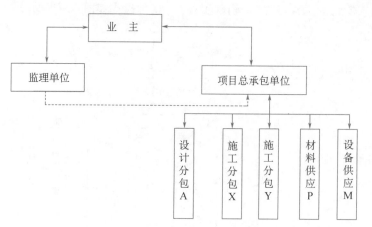

图 4-8　项目总承包模式下委托一家监理单位的监理模式

业主聘请一家公司（一般为具备相当实力的工程公司或咨询公司）代表业主进行整个项目过程的管理,这家公司在项目中被称为"项目管理承包商"（project management contractor,简称 PMC）。PMC 受业主的委托,从项目的策划、定义、设计到竣工投产全过程为业主提供项目管理承包服务。

　　项目总承包管理与项目总承包的不同之处在于:前者不直接进行设计与施工,没有自己的设计和施工力量,而是将承接的设计与施工任务全部分包出去,他们专心致力于建设工程管理。后者有自己的设计、施工实体,是设计、施工、材料和设备采购的主要力量。项目总承包管理模式如图 4-9 所示。

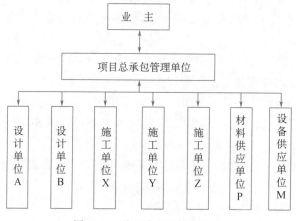

图 4-9　项目总承包管理模式

2. 项目总承包管理模式的优缺点

　　（1）优点

　　合同管理、组织协调比较有利,进度控制也有利。

　　（2）缺点

　　① 由于项目总承包管理单位与设计、施工单位是总包与分包关系,后者才是项目实施的基本力量,所以监理工程师对分包的确认工作就成了十分关键的问题。

②项目总承包管理单位自身经济实力一般比较弱,而承担的风险相对较大,因此建设工程采用这种承发包模式应持慎重态度。

3.项目总承包管理模式条件下的监理模式

在项目总承包管理模式下,一般宜委托一家监理单位进行监理,这样便于监理工程师对项目总承包管理合同和项目总承包管理单位进行分包等活动的监理。其监理模式与图4-8基本类同。

4.2　建设工程监理实施程序和原则

建设工程
监理实施
程序和原
则

4.2.1　建设工程监理实施程序

1.确定项目总监理工程师,成立项目监理机构

监理单位应根据建设工程的规模、性质及发包人对监理的要求,委派称职的人员担任项目总监理工程师,代表监理单位全面负责该工程的监理工作。

一般情况下,监理单位在承接工程监理任务时,在参与工程监理的投标、拟定监理大纲(方案)以及与发包人商签委托监理合同时,即应选派称职的人员主持该项工作。在监理任务确定并签订委托监理合同后,该主持人即可作为项目总监理工程师。这样,项目的总监理工程师在承接任务阶段即早已介入,从而更能了解发包人的建设意图和对监理工作的要求,并与后续工作能更好地衔接。总监理工程师是一个建设工程监理工作的总负责人,他对内向监理单位负责,对外向发包人负责。

监理机构的人员构成是监理投标书中的重要内容,是发包人在评标过程中认可的,总监理工程师在组建项目监理机构时,应根据监理大纲内容和签订的委托监理合同内容组建,并在监理规划和具体实施计划执行中进行及时的调整。

2.编制建设工程监理规划

建设工程监理规划是开展工程监理活动的纲领性文件,其内容将在第7章介绍。

3.制定各专业监理实施细则

在监理规划的指导下,为具体指导投资控制、质量控制、进度控制的进行,还需结合建设工程实际情况,制定相应的实施细则,有关内容将在第7章介绍。

4.规范化地开展监理工作

监理工作的规范化体现在:

(1)工作的时序性

这是指监理的各项工作都应按一定的逻辑顺序先后展开,从而使监理工作能有效地达到目标而不致造成工作状态的无序和混乱。

(2)职责分工的严密性

建设工程监理工作是由不同专业、不同层次的专家群体共同来完成的,他们之间严密的职责分工是协调进行监理工作的前提和实现监理目标的重要保证。

(3)工作目标的确定性

在职责分工的基础上,每一项监理工作的具体目标都应是确定的,完成的时间也应有时限规定,从而能通过报表资料对监理工作及其效果进行检查和考核。

5.参与验收,签署建设工程监理意见

建设工程施工完成以后,监理单位应在正式验交前组织竣工预验收,在预验收中发现的

问题,应及时与施工单位沟通,提出整改要求。监理单位应参加发包人组织的工程竣工验收,签署监理单位意见。

6. 向发包人提交建设工程监理档案资料

建设工程监理工作完成后,监理单位向发包人提交的监理档案资料应在委托监理合同文件中约定。如在合同中没有做出明确规定,监理单位一般应提交:设计变更、工程变更资料,监理指令性文件,各种签证资料等档案资料。

7. 监理工作总结

监理工作完成后,项目监理机构应及时从两方面进行监理工作总结。其一,向发包人提交监理工作总结,其主要内容包括:委托监理合同履行情况概述,监理任务或监理目标完成情况的评价,由发包人提供的供监理活动使用的办公用房、车辆、试验设施等的清单,表明监理工作终结的说明等。其二,向监理单位提交监理工作总结,其主要内容包括:

① 监理工作的经验,可以是采用某种监理技术、方法的经验,也可以是采用某种经济措施、组织措施的经验,以及委托监理合同执行方面的经验或如何处理好与发包人、承包单位关系的经验等。

② 监理工作中存在的问题及改进的建议。

4.2.2　建设工程监理实施原则

监理单位受发包人委托对建设工程实施监理时,应遵守以下基本原则:

1. 公平、独立、诚信、科学的原则

监理工程师在建设工程监理中必须坚持公平、独立、诚信、科学的原则。发包人与承建单位虽然都是独立运行的经济主体,但他们追求的经济目标有差异,监理工程师应在按合同约定的权、责、利关系的基础上,协调双方的一致性。只有按合同的约定建成工程,发包人才能实现投资的目的,承建单位也才能实现自己生产的产品的价值,取得工程款和实现盈利。

2. 权责一致的原则

监理工程师承担的职责应与发包人授予的权限相一致。监理工程师的监理职权,依赖于发包人的授权。这种权力的授予,除体现在发包人与监理单位之间签订的委托监理合同之中外,还应作为发包人与承建单位之间建设工程合同的合同条件。因此,监理工程师在明确发包人提出的监理目标和监理工作内容要求后,应与发包人协商,明确相应的授权,达成共识后明确反映在委托监理合同中及建设工程合同中。据此,监理工程师才能开展监理活动。

总监理工程师代表监理单位全面履行建设工程委托监理合同,承担合同中确定的监理方向发包方所承担的义务和责任。因此,在委托监理合同实施中,监理单位应给总监理工程师充分授权,体现权责一致的原则。

3. 总监理工程师负责制的原则

总监理工程师是工程监理全部工作的负责人。要建立和健全总监理工程师负责制,就要明确权、责、利关系,健全项目监理机构,具有科学的运行制度、现代化的管理手段,形成以总监理工程师为首的高效能的决策指挥体系。

总监理工程师负责制的内涵包括:

(1)总监理工程师是工程监理的责任主体

责任是总监理工程师负责制的核心,它构成了对总监理工程师的工作压力与动力,也是确定总监理工程师权力和利益的依据。所以,总监理工程师应是向发包人和监理单位所负责任的承担者。

（2）总监理工程师是工程监理的权力主体

根据总监理工程师承担责任的要求,总监理工程师全面领导建设工程的监理工作,包括组建项目监理机构,主持编制建设工程监理规划,组织实施监理活动,对监理工作总结、监督、评价。

4.严格监理、热情服务的原则

严格监理,就是各级监理人员严格按照国家政策、法规、规范、标准和合同控制建设工程的目标,依照既定的程序和制度,认真履行职责,对承建单位进行严格监理。

监理工程师还应为发包人提供热情的服务,"应运用合理的技能,谨慎而勤奋地工作"。由于发包人一般不熟悉建设工程管理与技术业务,监理工程师应按照委托监理合同的要求多方位、多层次地为发包人提供良好的服务,维护发包人的正当权益。但是,不能因此而一味向各承包人转嫁风险,从而损害承包人的正当经济利益。

5.综合效益的原则

建设工程监理活动既要考虑发包人的经济效益,也必须考虑与社会效益和环境效益的有机统一。建设工程监理活动虽经发包人的委托和授权才得以进行,但监理工程师应首先严格遵守国家的建设管理法律、法规、标准等,以高度负责的态度和责任感,既对发包人负责,谋求最大的经济效益,又要对国家和社会负责,取得最佳的综合效益。只有在符合宏观经济效益、社会效益和环境效益的条件下,发包人投资项目的微观经济效益才能得以实现。

4.3 建设工程项目监理机构

监理单位与发包人签订委托监理合同后,在实施建设工程监理之前,应建立项目监理机构。项目监理机构的组织形式和规模,应根据委托监理合同规定的服务内容、服务期限、工程类别、规模、技术复杂程度、工程环境等因素确定。

建设工程
项目监理
机构

4.3.1 建立项目监理机构的步骤

监理单位在组建项目监理机构时,一般按图4-10所示的步骤进行。

1.确定项目监理机构目标

建设工程监理目标是项目监理机构建立的前提,项目监理机构的建立应根据委托监理合同中确定的监理目标,制定总目标并明确划分监理机构的分解目标。

2.确定监理工作内容

根据监理目标和委托监理合同中规定的监理任务,明确列出监理工作内容,并进行分类归并及组合。监理工作的归并及组合应便于监理目标控制,并综合考虑监理工程的组织管理模式、工程结构特点、合同工期要求、工程复杂程度、工程管理及技术特点;还应考虑监理单位自身组织管理水平、监理人员数量、技术业务特点等。

如果建设工程进行实施阶段全过程监理,监理工作划分可按设计阶段和施工阶段分别归并和组合,如图4-11所示。

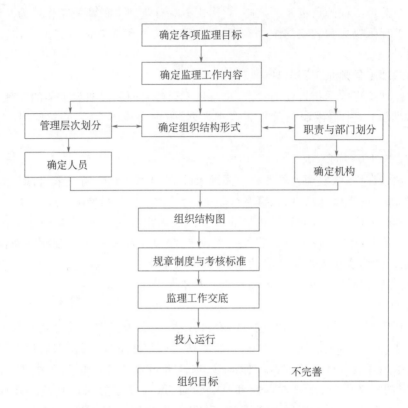

图 4-10 项目监理机构设立的步骤

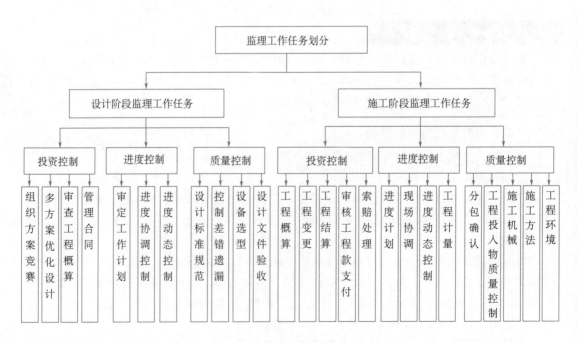

图 4-11 实施阶段监理工作划分

3. 项目监理机构的组织结构设计

（1）选择组织结构形式

由于建设工程规模、性质、建设阶段等的不同,设计项目监理机构的组织结构时应选择适宜的组织结构形式以适应监理工作的需要。组织结构形式选择的基本原则是有利于工程合同管理、有利于监理目标控制、有利于决策指挥、有利于信息沟通。

（2）合理确定管理层次与管理跨度

项目监理机构中一般应有三个层次：

① 决策层　由总监理工程师和其他助手组成,主要根据建设工程委托监理合同的要求和监理活动内容进行科学化、程序化决策与管理。

② 中间控制层(协调层和执行层)　由各专业监理工程师组成,具体负责监理规划的落实,监理目标控制及合同实施的管理。

③ 作业层(操作层)　主要由监理员、检查员等组成,具体负责监理活动的操作实施。项目监理机构中管理跨度的确定应考虑监理人员的素质、管理活动的复杂性和相似性、监理业务的标准化程度、各项规章制度的建立健全情况、建设工程的集中或分散情况等,按监理工作实际需要确定。

（3）项目监理机构部门划分

项目监理机构中合理划分各职能部门,应依据监理机构目标、监理机构可利用的人力和物力资源以及合同结构情况,将投资控制、进度控制、质量控制、合同管理、组织协调等监理工作内容按不同的职能活动形成相应的管理部门。

（4）制定岗位职责及考核标准

岗位职务及职责的确定,要有明确的目的性,不可因人设事。根据责权一致的原则,应进行适当的授权,以承担相应的职责;并应确定考核标准,对监理人员的工作进行定期考核,包括考核内容、考核标准及考核时间。

（5）选派监理人员

根据监理工作的任务,选择适当的监理人员,包括总监理工程师、专业监理工程师和监理员,必要时可配备总监理工程师代表。监理人员的选择除应考虑个人素质外,还应考虑人员总体构成的合理性与协调性。

《建设工程监理规范》规定,项目总监理工程师应由具有 3 年以上同类工程监理工作经验的人员担任;总监理工程师代表应由具有工程类注册执业资格或具有中级及以上专业技术职称、3 年及以上工程监理实践经验的监理人员担任;专业监理工程师应由具有工程类注册执业资格或具有中级及以上专业技术职称、2 年及以上工程实践经验的监理人员担任。并且项目监理机构的监理人员应专业配套,数量满足建设工程监理工作的需要。

4. 制定工作流程和信息流程

为使监理工作科学、有序地进行,应按监理工作的客观规律制定工作流程和信息流程,规范化地开展监理工作,图 4-12 为施工阶段监理工作流程,图 4-13 为项目监理部信息流程。

4.3.2　项目监理机构的组织形式

项目监理机构的组织形式是指项目监理机构具体采用的管理组织结构,应根据建设工程

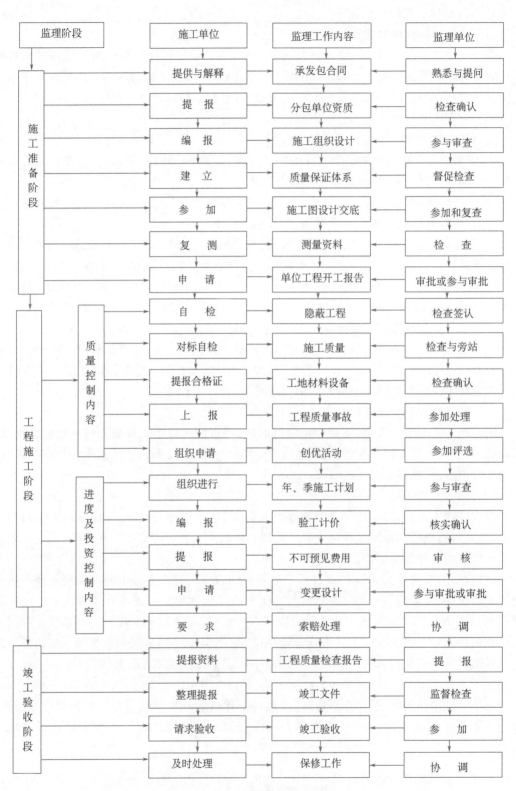

图 4-12　施工阶段监理工作流程图

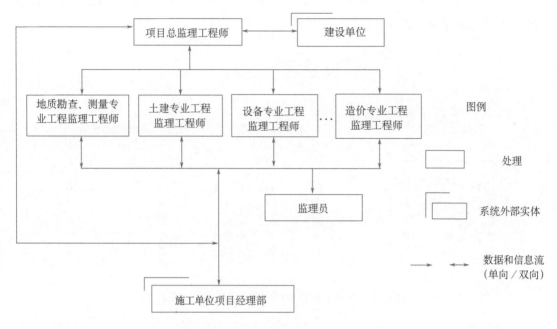

图 4-13 项目监理部信息流程图

的特点、建设工程组织管理模式、发包人委托的监理任务以及监理单位自身情况而确定。常用的项目监理机构组织形式有以下几种：

1. 直线制监理组织形式

这种组织形式的特点是项目监理机构中任何一个下级只接受唯一上级的命令。各级部门主管人员对所属部门的问题负责，项目监理机构中不再另设职能部门。

这种组织形式适用于能划分为若干相对独立的子项目的大、中型建设工程。如图 4-14 所示，总监理工程师负责整个工程的规划、组织和指导，并负责整个工程范围内各方面的指挥、协调工作；子项目监理组分别负责各子项目的目标值控制，具体领导现场专业或专项监理组的工作。

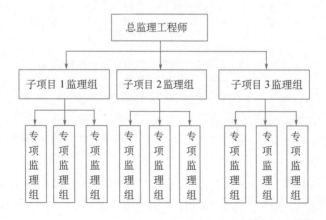

图 4-14 按子项目分解的直线制监理组织形式

如果发包人委托监理单位对建设工程实施全过程监理,项目监理机构的部门还可按不同的建设阶段分解设立直线制监理组织形式,如图 4-15 所示。

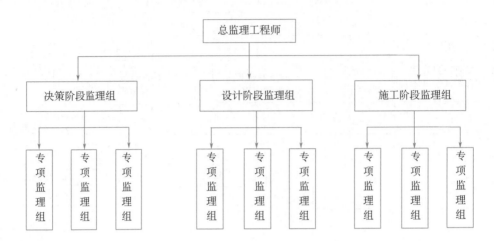

图 4-15　按建设阶段分解的直线制监理组织形式

对于小型建设工程,监理单位也可以采用按专业内容分解的直线制监理组织形式,如图 4-16 所示。

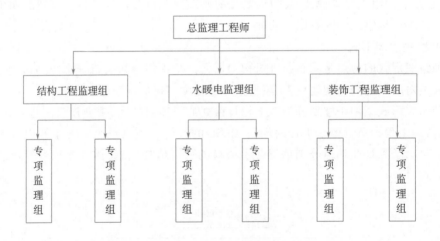

图 4-16　某房屋工程的直线制监理组织形式

直线制监理组织形式的主要优点是组织机构简单,权力集中,命令统一,职责分明,决策迅速,隶属关系明确。缺点是实行没有职能部门的"个人管理",这就要求总监理工程师掌握多种知识技能并通晓各种业务,是具有较高业务管理水平的"全能"式人物。

2. 职能制监理组织形式

职能制监理组织形式,是在监理机构内设立一些职能部门,把相应的监理职责和权力交给职能部门,各职能部门在本职能范围内有权直接指挥下级,如图 4-17 所示。此种组织形式一般适用于大、中型建设工程。

这种组织形式的主要优点是目标控制更加职能化、分工明确,能够发挥各职能机构及各

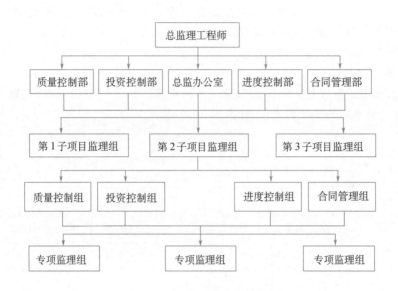

图 4-17 职能制监理组织形式

职能部门的专业管理作用,做到专职专家、专家专管,提高管理效率,减轻总监理工程师的负担。缺点是易形成下级人员受多头领导指挥的局面,发生指令上的矛盾。**因此,在确立组织机构时应注意职责划分的明确性,在具体运作时要加强各职能部门间的协调工作。**

职能式监理组织形式主要适用于大、中型建设工程项目或在地理位置上相对集中的工程项目。

3. 直线职能制监理组织形式

直线职能制监理组织形式(图 4-18)是吸收了直线制监理组织形式和职能制监理组织形式的优点而形成的一种组织形式。这种组织形式把管理部门和人员分为两类:一类是直线指挥部门的人员,他们拥有对下级实行指挥和发布命令的权力,并对该部门的工作全面负责;另一类是职能部门和人员,他们是直线指挥人员的参谋,他们只能对下级部门进行业务指导,而不能对下级部门直接进行指挥和发布命令。

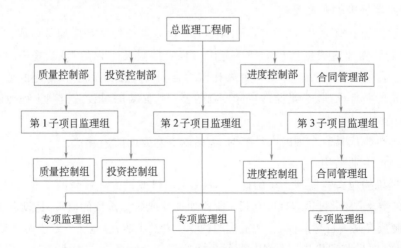

图 4-18 直线职能制监理组织形式

这种形式一方面保持了直线制组织实行直线领导、统一指挥、职责清楚的优点,另一方面又保持了职能制组织目标管理专业化的优点;其缺点是职能部门与指挥部门易产生矛盾,信息传递路线长,不利于互通信息、相互协调,效率不高。

4. 矩阵制监理组织形式

矩阵制监理组织形式是由纵横两套管理系统组成的矩阵性组织结构,一套是纵向的职能系统,另一套是横向的子项目系统,如图4-19所示。

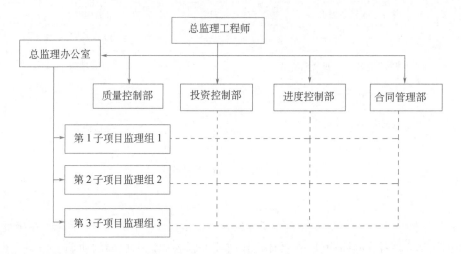

图4-19 矩阵制监理组织形式

这种组织形式的主要优点是各职能部门的横向联系得到了加强,具有较强的机动性和适应性。这不但有利于解决复杂难题,还有利于发挥子项目组的积极性,实现监理工作的规范化,也有益于培养监理人员的业务能力。缺点是纵、横向协调工作量很大,具体工作指令要严格统一,处理不当会造成扯皮现象,易产生指令上的矛盾,缺乏相对稳定性。

4.4 项目监理机构的人员配备及职责分工

4.4.1 项目监理机构的人员配备

项目监理
机构的人
员配备及
职责分工

项目监理机构的监理人员由总监理工程师、专业监理工程师和监理员组成,其中配备监理人员的数量和专业应根据监理的任务范围、内容、期限及工程的类别、规模、技术复杂程度、工程环境等因素综合考虑,并应符合委托监理合同中对监理深度和密度的要求,能体现项目监理机构的整体素质,满足监理目标控制的要求。必要时可设总监理工程师代表。

1. 项目监理机构的人员结构

项目监理机构应具有合理的人员结构,包括以下两方面的内容:

(1) 合理的专业结构

项目监理机构应由与监理工程的性质(是民用项目或是专业性强的工业项目)及发包人对工程监理的要求(是全过程监理或是某一阶段如设计或施工阶段的监理,是投资、质量、进度的多目标控制或是某一目标的控制)相适应的各专业人员组成,也就是各专业人员要配套。

一般来说,项目监理机构应具备与所承担的监理任务相适应的专业人员。但是,当监理工程局部有某些特殊性,或者发包人提出某些特殊的监理要求而需要采用某种特殊的监控手段时,如局部的钢结构、网架、罐体等质量监控需采用无损探伤、X 射线及超声探测仪,水下及地下混凝土桩基需采用遥测仪器探测等,此时,将这些局部的专业性强的监控工作另行委托给有相应资质的咨询机构来承担,也应视为保证了人员合理的专业结构。

（2）合理的技术职务、职称结构

为了提高管理效率和经济性,项目监理机构的监理人员应根据建设工程的特点和建设工程监理工作的需要确定其技术职称、职务结构。合理的技术职称结构表现在高级职称、中级职称和初级职称有与监理工作要求相称的比例。一般来说,决策阶段、设计阶段的监理,具有高级职称及中级职称的人员在整个监理人员构成中应占绝大多数;施工阶段的监理,可有较多的初级职称人员从事实际操作,如旁站、填记日志、现场检查、计量等。这里说的初级职称指助理工程师、助理经济师、技术员、经济员,还可包括具有相应能力的实践经验丰富的工人(应能看懂图纸、正确填报有关原始凭证)。施工阶段项目监理机构监理人员要求的技术职称结构如表 4-1 所示。

表 4-1　施工阶段项目监理机构监理人员要求的技术职称结构

层次	人员	职能	职称职务要求		
决策层	总监理工程师、总监理工程师代表、专业监理工程师	项目监理的策划、规划、组织、协调、监控、评价等	高级职称	中级职称	
执行层/协调层	专业监理工程师	项目监理实施的具体组织、指挥、控制、协调			初级职称
作业层/操作层	监理员	具体业务的执行			

2. 项目监理机构监理人员数量的确定

（1）影响项目监理机构人员数量的主要因素

① 工程建设强度　工程建设强度是指单位时间内投入的建设工程资金的数量,用下式表示:

$$工程建设强度 = 投资／工期$$

其中,投资和工期是指由监理单位所承担的那部分工程的建设投资和工期。一般投资费用可按工程估算、概算或合同价计算,工期应根据进度总目标及其分目标计算。

显然,工程建设强度越大,需投入的项目监理人数越多。

② 建设工程复杂程度　根据一般工程的情况,工程复杂程度涉及以下各项因素:设计活动、工程位置、气候条件、地形条件、工程地质、施工方法、工程性质、工期要求、材料供应、工程分散程度等。

根据上述各项因素的具体情况,可将工程分为若干复杂程度等级。不同等级的工程需要配备的项目监理人员数量有所不同。例如,可将工程复杂程度按五级划分:简单、一般、一般复杂、复杂、很复杂。工程复杂程度定级可采用定量办法:对构成工程复杂程度的每一因素通过专家评估,根据工程实际情况给出相应权重,将各影响因素的评分加权平均后根据其值的大小确定该工程的复杂程度等级。例如,将工程复杂程度按 10 分制计评,则平均分值 1~3 分、3~5 分、5~7 分、7~9 分者依次为简单工程、一般工程、一般复杂工程和复杂工程,

9分以上为很复杂工程。

显然,简单工程需要的项目监理人员较少,而复杂工程需要的项目监理人员较多。

③ 监理单位的业务水平 每个监理单位的业务水平和对某类工程的熟悉程度不完全相同,在监理人员素质、管理水平和监理的设备手段等方面也存在差异,这都会直接影响到监理效率的高低。高水平的监理单位可以投入较少的监理人力完成一个建设工程的监理工作,而一个经验不多或管理水平不高的监理单位则需投入较多的监理人力。因此,各监理单位应当根据自己的实际情况制定监理人员需要量定额。

④ 项目监理机构的组织结构和任务职能分工 项目监理机构的组织结构情况关系到具体的监理人员配备,务必使项目监理机构任务职能分工的要求得到满足。必要时,还需要根据项目监理机构的职能分工对监理人员的配备做进一步的调整。

有时监理工作需要委托专业咨询机构或专业监测、检验机构进行,当然,项目监理机构的监理人员数量可适当减少。

（2）项目监理机构人员数量的确定方法

项目监理机构人员数量的确定方法可按如下步骤进行:

① 项目监理机构人员需要量定额 根据监理工程师的监理工作内容和工程复杂程度等级,测定、编制项目监理机构监理人员需要量定额,如表4-2所示。

表4-2 监理人员需要量定额　　　　　　　　　　百万美元/年

工程复杂程度	监理工程师	监理员	行政、文秘人员	工程复杂程度	监理工程师	监理员	行政、文秘人员
简单工程	0.20	0.75	0.10	复杂工程	0.50	1.50	0.35
一般工程	0.25	1.00	0.10	很复杂工程	>0.50	>1.50	>0.35
一般复杂工程	0.35	1.10	0.25				

② 确定工程建设强度 根据监理单位承担的监理工程,确定工程建设强度。

例如,某工程分为2个子项目,合同总价为3 900万美元,其中子项目1合同价为2 100万美元,子项目2合同价为1 800万美元,合同工期为30个月。

工程建设强度 = 3 900万美元÷30月×12月/年 = 1 560万美元/年 = 15.6百万美元/年

③ 确定工程复杂程度 按构成工程复杂程度的10个因素考虑,根据本工程实际情况分别按10分制打分,具体结果见表4-3。根据计算结果,此工程为一般复杂工程等级。

表4-3 工程复杂程度等级评定

项次	影响因素	子项目1	子项目2	项次	影响因素	子项目1	子项目2
1	设计活动	5	6	7	工期要求	5	5
2	工程位置	9	5	8	工程性质	6	6
3	气候条件	5	5	9	材料供应	4	5
4	地形条件	7	5	10	分散程度	5	5
5	工程地质	4	7	平均分值		5.4	5.5
6	施工方法	4	6				

④ 根据工程复杂程度和工程建设强度套用监理人员需要量定额 从定额中可查到相应项目监理机构监理人员需要量如下(百万美元/年):

监理工程师 0.35;监理员 1.10;行政文秘人员 0.25

各类监理人员数量如下:

监理工程师:0.35×15.6=5.46,按 6 人考虑

监理员:1.10×15.6=17.16,按 17 人考虑

行政文秘人员:0.25×15.6=3.9,按 4 人考虑

⑤ 根据实际情况确定监理人员数量 本建设工程的项目监理机构的直线制组织结构如图 4-20 所示。

根据项目监理机构情况决定每个部门各类监理人员如下:

监理总部(包括总监理工程师、总监理工程师代表和总监理工程师办公室):总监理工程师 1 人,总监理工程师代表 1 人,行政文秘人员 2 人。

子项目 1 监理组:专业监理工程师 2 人,监理员 9 人,行政文秘人员 1 人。

子项目 2 监理组:专业监理工程师 2 人,监理员 8 人,行政文秘人员 1 人。

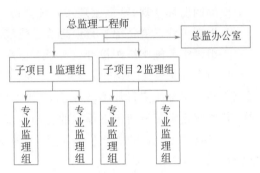

图 4-20 项目监理机构的直线制组织结构

施工阶段项目监理机构的监理人员数量一般不少于 3 人。

项目监理机构的监理人员数量和专业配备应随工程施工进展情况作相应的调整,从而满足不同阶段监理工作的需要。

4.4.2 项目监理机构各类人员的基本职责

监理人员的基本职责应按照工程建设阶段和建设工程的情况确定。

施工阶段,按照《建设工程监理规范》的规定,项目总监理工程师、总监理工程师代表、专业监理工程师和监理员应分别履行以下职责:

1. 总监理工程师职责

① 确定项目监理机构人员及其岗位职责;

② 组织编制监理规划,审批监理实施细则;

③ 根据工程进展情况安排监理人员进场,检查监理人员工作,调换不称职监理员;

④ 组织召开监理例会;

⑤ 组织审核分包单位资格并提出审核意见;

⑥ 组织审查施工组织设计、(专项)施工方案;

⑦ 审查开复工报审表,签发开工令、工程暂停令和复工令;

⑧ 组织检查施工单位现场质量、安全生产管理体系的建立及运行情况;

⑨ 组织审核施工单位的付款申请,签发工程款支付证书,组织审核竣工结算;

⑩ 组织审查和处理工程变更;

⑪ 调解建设单位与施工单位的合同争议,处理工程索赔;

⑫ 组织验收分部工程,组织审查单位工程质量检验资料;

⑬ 审查施工单位的竣工申请、组织工程竣工预验收、组织编写工程质量评估报告与工程竣工验收;

⑭ 参与或配合工程质量安全事故的调查和处理;

⑮ 组织编写监理月报、监理工作总结,组织整理监理文件资料。

2. 总监理工程师代表职责

① 负责总监理工程师指定或交办的监理工作;

② 按总监理工程师的授权,行使总监理工程师的部分职责和权力。

总监理工程师不得将下列工作委托给总监理工程师代表:

① 编制监理规划,审批监理实施细则;

② 根据工程进展情况安排监理人员进场,调换不称职监理人员;

③ 组织审查施工组织设计、(专项)施工方案、应急救援预案;

④ 签发开工令、工程暂停令和复工令;

⑤ 签发工程款支付证书,组织审核竣工结算;

⑥ 调解建设单位与施工单位的合同争议,处理费用与工期索赔;

⑦ 审查施工单位的竣工申请,组织工程竣工预验收,组织编写工程质量评估报告与工程竣工验收;

⑧ 参与或配合工程质量安全事故的调查和处理。

3. 专业监理工程师职责

① 参与编制监理规划,负责编制监理实施细则;

② 审查施工单位提交的涉及本专业的报审文件,并向总监理工程师报告;

③ 参与审核分包单位资格;

④ 指导、检查监理员工作,定期向总监理工程师报告本专业监理工作实施情况;

⑤ 检查进场的工程材料、设备、构配件的质量;

⑥ 验收检验批、隐蔽工程、分项工程;

⑦ 处置发现的质量问题和安全事故隐患;

⑧ 进行工程计量;

⑨ 参与工程变更的审查和处理;

⑩ 填写监理日志,参与编写监理月报;

⑪ 收集、汇总、参与整理监理文件资料;

⑫ 参与工程竣工预验收和竣工验收。

4. 监理员职责

① 检查施工单位投入工程的人力、主要设备的使用及运行状况;

② 进行见证取样;

③ 复核工程计量有关数据;

④ 检查和记录工艺过程或施工工序;

⑤ 处置发现的施工作业问题;

⑥ 记录施工现场监理工作情况。

4.5　建设工程项目监理的组织协调

建设监理过程中对各有关方面的工作协调是一项极其重要的工作。

建设工程
项目监理
的组织协
调

● 4.5.1　监理协调工作的特点与原则

1. 监理协调工作的特点

（1）监理协调工作涉及的部门与单位多

建设工程监理除了要与委托人和被监理单位发生工作的协调关系外，还会和勘察设计单位（施工阶段监理），政府建设主管部门，工程建设质量、安全监督站，建设方委托的工程检测单位，造价咨询单位，以及投资主体委托的审计部门、被监理单位的分包合同所确定的分包单位等部门和单位发生工作上的协调关系。监理单位在与上述单位的工作协调中，由于相互间的工作性质与工作关系不同，因而要求监理的协调方式和方法也有所不同。

（2）监理项目具有工作协调的"磨合期"

监理单位在接受委托、签订委托监理合同后，即进入监理工作的服务期。在此期间，监理人员既要熟悉合同内工程对象的内外部环境和条件，又要与各方人员发生工作上的接触与交流。由于各方人员的工作经历、处事阅历、待事方法与方式、工作地位与工作作风等不尽相同，形成了各自的办事作风、态度与风格，因此监理工作要形成有效的协调机制，必然要经历一个相互了解、相互适应的"磨合期"过程。

（3）监理协调的对象以人为主体

监理的工作性质体现为既不是工程产品勘察设计成果的完成者，也不是工程产品的生产操作者，是用监理人员的知识与经验在工程产品的建造生产过程中代表委托者履行监督管理的职能。因此，监理的工作无论是为服务者，还是对被监理者，主要是通过与有关方的人员接触实现监理工作的沟通，即监理协调的对象是各个有关方的人员。在管理学上，有不同的管理与协调对象，而最难于协调和管理的就是人际管理，比对事物、材料、设备等方面的管理要困难得多，这就要求监理工作的协调一定要了解行为心理学，熟悉人际关系中的科学管理方法。

（4）监理协调重在沟通联络

沟通联络即为通常所说的信息交流，是管理学原理中所强调的基本的现代管理学研究的内容之一，它表现为人与人之间的、组织与组织之间的、通信工具之间的和人与机器之间的信息交流。监理工作对外的协调体现为组织与组织之间及人与人之间的信息交流，对内体现为人与人之间的信息交流。而监理工作的特性决定了监理工作必须通过经常性的沟通联络、信息交流来达到各方对监理项目各方工作的情况了解与正确认识，从而才能对工程建设中的问题作出相应而及时的决策。因此，监理工作的协调应重视沟通联络的重要性。

（5）监理工作协调的方式是多样的

监理工作协调的方式必须采用多种形式，从而达到协调的效果，协调可以以多种方式进行，可以是"口头语言"的协调，也可以是"书面函件"的协调，可以是正式的会议协调，也可以是非正式的"碰头"协调，但无论采用何种方式，都以达到协调的目的为要求。一般正式的会议和书面形式更能引起被协调的有关方的重视，但监理工作中经常性的正式会议和书面形式的协调，可能会因时间紧张而来不及或不允许，同时亦可能会导致被协调方的误解。因此,要善于运用不同的协调方式。

2. 监理协调的原则

（1）以监理委托合同为工作依据

监理人在履行监理委托合同中约定的义务时,应在委托人授权的范围内,运用合理的技能,以正常的检查、监督、确认或评审的方式,谨慎、勤勉地工作,为委托人提供技术及管理的公正和科学的服务。

（2）规范化、标准化工作

监理人正常的检查、监督、确认或评审,是指按照有关法律、法规、技术规范、合同文件,以及监理工作文件规定的内容、方法和程序进行的检查、监督、确认或评审。

（3）正确把握监理权力

根据我国监理制度的规定及监理委托合同的授权,监理人在监理工作中根据工作性质、作用和要求,监理合同范围的不同,表现为建议权、确认权、检验权、检查鉴证权、指令权、审查验收签认权、否决权等多项权力。因此,正确把握和运用委托人授予的各项权力,既不越权、侵权,也不弃权、缩权,是进行有效协调的基本保证。

（4）不应替代原则

监理人对其他设计、咨询人员的工作做出的任何判断或意见,均应以专业建议的方式提出,不应对设计、咨询人员应承担的义务实施任何程度的替代。

监理人在对承包人的工作进行正常的检查、监督、确认或评审时,不应对承包人应承担的义务实施任何程度的替代,亦不应妨碍对承包人的工作目标做出指令。

（5）制度化、程序化监理

工程项目建设管理的制度是对工程建设有关方的约束,监理工作的顺利开展必须以各项规章制度为依据,建立监理的内外工作制度,并根据工程建设的客观规律建立行之有效的监理工作程序。以制度和程序协调约束工程建设有关方的工作关系,是各方工作开展的前提之一。

4.5.2　监理协调的工作内容

1. 项目监理机构内部的协调

（1）项目监理机构内部人际关系的协调

项目监理机构是由人组成的工作体系,工作效率很大程度上取决于人际关系的协调程度,总监理工程师应首先抓好人际关系的协调,激励项目监理机构成员。同时应注意:在人员安排上要量才录用,在工作委任上要职责分明,在成绩评价上要实事求是,在矛盾调解上要恰到好处。

（2）项目监理机构内部组织关系的协调

项目监理机构是由若干部门（专业组）组成的工作体系。每个专业组都有自己的目标和任务。如果每个子系统都从建设工程的整体利益出发,理解和履行自己的职责,则整个系统就会处于有序的良性状态。否则,整个系统便处于无序的紊乱状态,导致功能失调,效率下降。

项目监理机构内部组织关系的协调可从以下几方面进行:

① 在职能划分的基础上设置组织机构。

② 明确规定每个部门的目标、职责和权限。

③ 事先约定各个部门在工作中的相互关系。

④ 建立内部信息沟通制度。

⑤ 及时消除工作中的矛盾或冲突。

（3）项目监理机构内部需求关系的协调

建设工程监理实施中有人员需求、试验设备需求、材料需求等，而资源是有限的，因此内部需求平衡至关重要。需求关系的协调有：对监理设备、材料的平衡，合理地进行监理资源配置；对监理人员的平衡。要抓住调度环节，注意各专业监理工程师的配合和监理力量的安排。

2. 与发包人的协调

监理实践证明，监理目标的顺利实现和与发包人协调的好坏有很大的关系。我国长期的计划经济体制使得发包人合同意识差、随意性大，主要体现在：一是沿袭计划经济时期的基建管理模式，搞"大统筹，小监理"，在一个建设工程上，发包人的管理人员比监理人员多或管理层次多，对监理工作干涉多，并插手监理人员应做的具体工作；二是不把合同中规定的权力交给监理单位，致使监理工程师有职无权，发挥不了作用；三是科学管理意识差，在建设工程目标确定上压工期、压造价，在建设工程实施过程中变更多或时效不按要求，给监理工作的质量、进度、投资控制带来困难。因此，与发包人的协调是监理工作的重点和难点。监理工程师应从以下几方面加强与发包人的协调：

① 监理工程师首先要理解建设工程总目标，理解发包人的意图。对于未能参加项目决策过程的监理工程师，必须了解项目构思的基础、起因、出发点，否则可能对监理目标及完成任务有不完整的理解，会给他的工作造成很大的困难。

② 利用工作之便做好监理宣传工作，增进发包人对监理工作的理解，特别是对建设工程管理各方职责及监理程序的理解；主动帮助发包人处理建设工程中的事务性工作，以自己规范化、标准化、制度化的工作去影响和促进双方工作的协调一致。

③ 尊重发包人，让发包人一起投入建设工程全过程。尽管有预定的目标，但建设工程实施必须执行发包人的指令，使发包人满意。对发包人提出的某些不适当的要求，只要不属于原则性问题，都可先执行，然后利用适当时机、采取适当方式加以说明或解释；对于原则性问题，可采取书面报告等方式说明原委，尽量避免发生误解，以使建设工程顺利实施。

3. 与承包人的协调

监理工程师对质量、进度和投资的控制都是通过承包人的工作来实现的，所以做好与承包人的协调工作是监理工程师组织协调工作的重要内容。

（1）坚持原则，实事求是，严格按规范、规程办事，讲究科学态度

监理工程师在监理工作中应强调各方面利益的一致性和建设工程总目标；监理工程师应鼓励承包人将建设工程实施状况、实施结果和遇到的困难和意见向他汇报，以寻找对目标控制可能的干扰。双方了解得越多越深刻，监理工作中的对抗和争执就越少。

（2）协调不仅是方法、技术问题，更多的是语言艺术、感情交流和用权适度问题

有时尽管协调意见是正确的，但由于方式或表达不妥，反而会激化矛盾。而高超的协调能力则往往能起到事半功倍的效果，令各方面都满意。

（3）施工阶段的协调工作内容

① 与承包人项目经理关系的协调　一个既懂得坚持原则，又善于理解承包人项目经理

的意见,工作方法灵活,随时可能提出或愿意接受变通办法的监理工程师肯定是受欢迎的。

② 进度问题的协调 影响进度的因素错综复杂,因而进度问题的协调工作也十分复杂。实践证明,有两项协调工作很有效:一是发包人和承包人双方共同商定一级网络计划,并由双方主要负责人签字,作为工程施工合同的附件;二是设立提前竣工奖,由监理工程师按一级网络计划节点考核,分期支付阶段工期奖,如果整个工程最终不能保证工期,由发包人从工程款中将已付的阶段工期奖扣回并按合同规定予以罚款。

③ 质量问题的协调 在质量控制方面应实行监理工程师质量签字认可制度。在建设工程实施过程中,设计变更或工程内容的增减是经常出现的,有些是合同签订时无法预料和明确规定的。对于这种变更,监理工程师要认真研究,合理计算价格,与有关方面充分协商,达成一致意见,并实行监理工程师签证制度。

④ 对承包人违约行为的处理 在施工过程中,监理工程师对承包人的某些违约行为除了立即制止外,可能还要采取相应的处理措施。遇到这种情况,监理工程师应该考虑的是自己的处理意见是否是监理权限以内的,根据合同要求,自己应该怎么做。在发现质量缺陷并需要采取措施时,监理工程师必须立即通知承包人。监理工程师要有时间期限的概念,否则承包人有权认为监理工程师对已完成的工程内容是满意或认可的。

监理工程师最担心的可能是工程总进度和质量受到影响。有时,监理工程师会发现,承包人的项目经理或某个工地工程师不称职。此时明智的做法是继续观察一段时间,待掌握足够的证据时,总监理工程师可以正式向承包人发出警告。万不得已时,总监理工程师有权要求撤换承包人的项目经理或工地工程师。

⑤ 合同争议的协调 对于工程中的合同争议,监理工程师应首先采用协商解决的方式,协商不成时才由当事人向合同管理机关申请调解。

⑥ 对分包单位的管理 主要是对分包单位明确合同管理范围,分层次管理。

⑦ 处理好人际关系 监理工程师必须善于处理各种人际关系,既要严格遵守职业道德,礼貌而坚决地拒收任何礼物,以保证行为的公正性,也要利用各种机会增进与各方面人员的友谊与合作,以利于工程的进展。否则,便有可能引起发包人或承包人对其可信赖程度的怀疑。

4. 与设计单位的协调

监理单位必须协调与设计单位的工作,以加快工程进度,确保质量,降低消耗。

① 真诚尊重设计单位的意见,例如,组织设计单位向承包商介绍工程概况、设计意图、技术要求、施工难点等,把标准过高、设计遗漏、图纸差错等问题解决在施工之前;施工阶段,严格按图施工;结构工程验收、专业工程验收、竣工验收等工作,约请设计代表参加;若发生质量事故,认真听取设计单位的处理意见,等等。

② 施工中发现设计问题,应及时向设计单位提出,以免造成大的直接损失;若监理单位掌握比原设计更先进的新技术、新工艺、新材料、新结构、新设备时,可主动向设计单位推荐。为使设计单位有修改设计的余地而不影响施工进度,可与设计单位达成协议,限定一个期限,争取设计单位、承包人的理解和配合。

③ 注意信息传递的及时性和程序性。监理工程师联系单、设计单位申报表或设计变更通知单传递,要按设计单位(经发包人同意)—监理单位—承包人之间的程序进行。

要注意的是,监理单位与设计单位都是受发包人委托,两者之间并没有合同关系,所以监理单位主要是和设计单位做好交流工作,协调要靠发包人的支持。《建筑法》指出:工程监理人员发现工程设计不符合建筑工程质量标准或合同约定的质量要求的,应当报告建设单位要求设计单位改正。

5. 与政府部门及其他单位的协调

一个建设工程的开展还存在政府部门及其他单位的影响,如政府部门、金融组织、新闻媒介等,它们对建设工程起着一定的控制、监督、支持、帮助作用,关系若协调不好,建设工程实施可能严重受阻。

(1) 与政府部门的协调

① 工程质量监督站是由政府授权的工程质量监督的实施机构,对委托监理的工程,质量监督站主要是核查勘察设计、施工单位的资质和工程质量检查。监理单位在进行工程质量控制和质量问题处理时,要做好与工程质量监督站的交流和协调。

② 重大质量事故,在承包人采取急救、补救措施的同时,应敦促承包人立即向政府有关部门报告情况,接受检查和处理。

③ 建设工程合同应送公证机关公证,并报政府建设管理部门备案;征地、拆迁、移民要争取政府有关部门支持和协作;现场消防设施的配置,宜请消防部门检查认可;要敦促承包人在施工中注意防止环境污染,坚持做到文明施工。

(2) 与社会团体关系的协调

一些大中型建设工程建成后,不仅会给发包人带来效益,还会给该地区的经济发展带来好处,同时给当地人民生活带来方便,因此必然会引起社会各界关注。发包人和监理单位应把握机会,争取社会各界对建设工程的关心和支持。这是一种争取良好社会环境的协调。对此类外部环境协调,应由发包人负责主持,监理单位主要是针对一些技术性工作进行协调,重要协调事项应当事先向发包人报告。如发包人和监理单位对此有分歧,可在委托监理合同中详细注明。

4.5.3 监理协调的方法

监理工程师组织协调可采用如下一些方法:

1. 会议协调法

会议协调法是建设工程监理中最常用的一种协调方法,实践中常用的会议协调法包括第一次工地会议、监理例会、专业性监理会议等。

2. 交谈协调法

在实践中,并不是所有问题都需要开会来解决,有时可采用"交谈"这一方法。交谈包括面对面的交谈和电话交谈两种形式。无论是内部协调还是外部协调,这种方法使用频率都是相当高的。其原因在于:

① 它是一条保持信息畅通的最好渠道。由于交谈本身没有合同效力及其方便性和及时性,所以建设工程参与各方之间及监理机构内部都愿意采用这一方法进行。

② 它是寻求协作和帮助的最好方法。在寻求别人帮助和协作时,往往要及时了解对方的反应和意见,以便采取相应的对策。另外,相对于书面寻求协作,人们更难于拒绝面对面的请求。因此,采用交谈方式请求协作和帮助比采用书面方法实现的可能性要大。

③ 它是正确及时地发布工程指令的有效方法。在实践中,监理工程师一般都采用交谈

方式先发布口头指令,这样,一方面可以使对方及时地执行指令,另一方面可以和对方进行交流,了解对方是否正确理解了指令。随后,再以书面形式加以确认。

3. 书面协调法

当会议或者交谈不方便或不需要时,或者需要精确地表达自己的意见时,就会用到书面协调的方法。书面协调法的特点是具有合同效力,一般常用于以下几方面:

① 不需双方直接交流的书面报告、报表、指令和通知等。

② 需要以书面形式向各方提供详细信息和情况通报的报告、信函和备忘录等。

③ 事后对会议记录、交谈内容或口头指令的书面确认。

4. 访问协调法

访问法主要有走访和邀访两种形式。走访是指监理工程师在建设工程施工前或施工过程中,对与工程施工有关的各政府部门、公共事业机构、新闻媒介或工程毗邻单位等进行访问,向他们解释工程的情况,了解他们的意见。邀访是指监理工程师邀请上述各单位(包括发包人)代表到施工现场对工程进行指导性巡视,了解现场工作。因为在多数情况下,这些有关方面并不了解工程,不清楚现场的实际情况,如果进行一些不恰当的干预,会对工程产生不利影响。这个时候,采用访问法可能是一个相当有效的协调方法。

5. 情况介绍法

情况介绍法通常是与其他协调方法紧密结合在一起的,它可能是在一次会议前,或者是一次交谈前,或者是一次走访或邀访前向对方进行的情况介绍。形式上主要是口头的,有时也伴有书面的。介绍往往作为其他协调的引导,目的是使别人首先了解情况。因此,监理工程师应重视任何场合下的每一次介绍,要使别人能够理解其介绍的内容、问题和困难、想得到的协助等。

总之,组织协调是一种管理艺术和技巧,监理工程师尤其是总监理工程师需要掌握领导科学、心理学、行为科学方面的知识和技能,如激励、交际、表扬和批评的艺术、开会的艺术、谈话的艺术、谈判的技巧等。只有这样,监理工程师才能进行有效地协调。

👓 思考题

1. 工程项目承发包模式有哪些? 它们的特点及与之相应的监理模式是什么?

2. 简述建立项目监理机构的步骤。

3. 项目监理机构中的人员如何配备?

4. 项目监理机构中各类人员的基本职责是什么?

5. 项目监理机构协调的工作内容有哪些?

6. 建设工程监理组织协调的常用方法有哪些?

第 5 章

建设工程施工前期的监理服务

建设工程项目决策阶段的监理服务

5.1 建设工程项目决策阶段的监理服务

建设工程决策阶段的监理服务主要是对投资决策、立项决策和可行性决策的咨询。

建设工程的决策咨询,既不是监理单位替建设单位决策,更不是替政府决策,而是受建设单位或政府的委托选择决策咨询单位,协助建设单位或政府与决策咨询单位签订咨询合同,并监督合同的履行,对咨询意见进行评估。当然,监理工程师也不一定是去监督、管理他人的工作,往往也可能是自身直接完成可行性研究、项目评价、投资估算等方面的工作。

建设工程
项目决策
阶段的监
理服务

5.1.1 决策阶段监理服务的工作内容

1. 投资决策咨询

投资决策咨询的委托方可能是建设单位(筹备机构),也可能是金融单位,也可能是政府。这一阶段的监理内容为:

① 协助委托方选择投资决策咨询单位,并协助签订合同书。

② 监督管理投资决策咨询合同的实施。

③ 对投资咨询意见评估,并提出监理服务报告。

2. 建设工程立项决策咨询

建设工程立项决策主要是确定拟建工程项目的必要性和可行性(建设条件是否具备)及拟建规模。这一阶段的监理服务内容为:

① 协助委托方选择工程建设立项决策咨询单位,并协助签订合同书。

② 监督管理立项决策咨询合同的实施。

③ 对立项决策咨询方案进行评估,并提出监理服务报告。

3. 工程建设可行性研究决策咨询

工程建设的可行性研究是根据确定的项目建议书在技术上、经济上、财务上对项目进行详细论证,提出优化方案。这一阶段的监理服务内容为:

① 协助委托方选择工程建设可行性研究单位,并协助签订可行性研究合同书。

② 监督管理可行性研究合同的实施。

③ 对可行性研究报告进行评估,并提出监理报告。

5.1.2 决策阶段监理工作要点

1. 进行可行性研究咨询或监理服务

可行性研究是在项目未立项或投资前期,对一项投资或研究计划进行全面调查研究、分

析比较,寻求实施的各种可能方案,并进行最优化选择,进而对项目的可行性做出评价的一种活动。监理工程师的基本任务是:

① 搜集项目建设依据,如国民经济长期规划、地区规划、行业规划等。

② 对项目的社会、经济和技术进行深入细致的调查研究,形成多个方案。

③ 对各方案进行全面的分析比较,进行优化和选择。

④ 提出可行性研究报告。

2. 进行项目评价论证

项目评价主要包括经济评价、社会评价和环境影响评价等内容。对于工业建设项目,还需要进行安全生产评价、职业病防护评价、节能评估等行政审批前置专项评价。

（1）经济及社会评价

项目的经济评价是项目可行性研究的有机组成部分和重要内容,是项目决策科学化的重要手段。经济评价的目的是根据国民经济和社会发展战略和行业、地区发展规划的要求,在做好产品（服务）市场需求预测及厂址选择、工艺技术选择等工程技术研究的基础上,计算项目的效益和费用,通过多方案的比较,对拟建项目的财务可行性和经济合理性进行分析论证,做出全面的经济评价,为项目的科学决策提供依据。

社会评价是分析拟建项目对当地社会的影响和当地社会条件对项目的适应性和可接受程度,评价项目的社会可行性。社会评价适应于那些社会因素较复杂、社会影响较为显著、社会矛盾较为突出、社会风险较大的投资项目。

（2）环境影响评价

工程项目一般会引起项目所在地自然环境、社会环境和生态环境的变化,对环境状况、环境质量产生不同程度的影响。环境影响评价是在研究确定厂址方案和技术方案中,调查研究环境条件、识别和分析拟建项目影响环境的因素、研究提出治理和保护环境的措施、优选和优化环境保护方案。按《环境影响评价法》规定,建设单位应当根据建设项目对环境的影响程度,编制环境影响评价文件,其中,可能造成重大环境影响的,应当编制环境影响报告书,对产生的环境影响进行全面评价;可能造成轻度环境影响的,应当编制环境影响报告表,对产生的环境影响进行分析或者专项评价;对环境影响很小、不需要进行环境影响评价的,应当填报环境影响登记表。

环境影响评价文件中的环境影响报告书或环境影响报告表,应当由具有相应环境影响评价资质的机构编制。

（3）安全评价

《建设项目安全设施"三同时"监督管理办法》（安监总局令第36号,由第77号修改）规定:建设项目安全设施设计不符合要求的,不予批准,并不得开工建设。

① 经县级以上人民政府及其有关主管部门依法审批、核准或者备案的生产经营单位新建、改建、扩建工程项目（以下统称建设项目）安全设施必须与主体工程同时设计、同时施工、同时投入生产和使用（简称"三同时"）。安全设施投资应当纳入建设项目概算。

② 工业建设项目在进行可行性研究时,生产经营单位应当分别对其安全生产条件进行论证和安全预评价,并应当编制安全条件论证报告和安全预评价报告。

③ 生产经营单位在建设项目初步设计时,应当委托有相应资质的设计单位对建设项目安全设施进行设计,编制安全专篇。安全设施设计必须符合有关法律、法规、规章和国家标准

或者行业标准、技术规范的规定,并尽可能采用先进适用的工艺、技术和可靠的设备、设施。

（4）职业病防治评价

《职业病防治法》规定:新建、扩建、改建建设项目和技术改造、技术引进项目可能产生职业病危害的,建设单位在可行性论证阶段应当向安全生产监督管理部门提交职业病危害预评价报告。未提交预评价报告或者预评价报告未经安全生产监督管理部门审核同意的,有关部门不得批准该建设项目。

《建设项目职业病防护设施"三同时"监督管理办法》(安监总局令第 90 号)规定:建设单位是建设项目职业病防护设施建设的责任主体。建设项目职业病防护设施必须与主体工程同时设计、同时施工、同时投入生产和使用。建设单位应当优先采用有利于保护劳动者健康的新技术、新工艺、新设备和新材料,职业病防护设施所需费用应当纳入建设项目工程预算。根据建设项目可能产生职业病危害的风险程度,将建设项目分为职业病危害一般、较重和严重 3 个类别,并对职业病危害严重建设项目实施重点监督检查。

对可能产生职业病危害的建设项目,建设单位应当在建设项目可行性论证阶段进行职业病危害预评价,编制预评价报告。

建设项目职业病危害预评价报告有下列情形之一的,建设单位不得通过评审:

① 对建设项目可能产生的职业病危害因素识别不全,未对工作场所职业病危害对劳动者健康影响与危害程度进行分析与评价的,或者评价不符合要求的;

② 未对建设项目拟采取的职业病防护设施和防护措施进行分析、评价,对存在的问题未提出对策措施的;

③ 建设项目职业病危害风险分析与评价不正确的;

④ 评价结论和对策措施不正确的;

⑤ 不符合职业病防治有关法律、法规、规章和标准规定的其他情形的。

（5）节能评估

《节约能源法》规定:国家实行固定资产投资项目节能评估和审查制度。不符合强制性节能标准的项目,依法负责项目审批或者核准的机关不得批准或者核准建设;建设单位不得开工建设;已经建成的,不得投入生产、使用。

《固定资产投资项目节能审查办法》(发展改革委令 2016 年第 44 号)规定:国家发展改革委核报国务院审批以及国家发展改革委审批的政府投资项目,建设单位在报送项目可行性研究报告前,需取得省级节能审查机关出具的节能审查意见。国家发展改革委核报国务院核准以及国家发展改革委核准的企业投资项目,建设单位需在开工建设前取得省级节能审查机关出具的节能审查意见。年综合能源消费量 5 000 吨标准煤以上(改扩建项目按照建成投产后年综合能源消费增量计算,电力折算系数按当量值)的固定资产投资项目,其节能审查由省级节能审查机关负责。

3. 编制建设工程投资估算

工程项目的投资估算是进行项目决策的主要依据,是建设项目投资的最高限额,是资金筹措、设计招标、优选设计单位和设计方案的依据。在决策阶段应采用适当的估算方法,合理确定估算投资。工程项目的投资估算方法很多,如资金周转率法、生产能力利用率法、比例估算法、系数估算法、指标估算法等。

投资估算工作可分为项目建议书阶段的投资估算、初步可行性研究阶段的投资估算、详细可行性研究阶段的投资估算。不同阶段所具备的条件、掌握的资料和投资估算的要求不同,因而投资估算的准确程度在不同阶段也不同。在项目建议书阶段投资的误差率可在±30%;初步可行性研究阶段,投资估算的误差率在±20%;详细可行性研究阶段,投资估算的误差率可在±10%以内。

　　值得一提的是,建设工程项目决策阶段的咨询工作,今后将更多地由另一个持证执业资格者——国家注册咨询工程师(投资)来完成。

5.2　建设工程项目设计阶段的监理服务

建设工程
项目设计
阶段的监
理服务

　　项目可行性研究报告经审批、做出投资决策后直至施工图设计完成这一阶段作为广义的设计阶段,在进行工程设计之前还要进行勘察(地质勘察、水文勘察等),所以这一阶段又称勘察设计阶段。这一阶段的监理服务简称为设计监理。

5.2.1　设计阶段特点和监理服务的依据

1. 建设工程项目设计阶段的特点

　　(1) 设计阶段是确定工程价值的主要阶段

　　在设计阶段,通过设计使项目的规模、标准、功能、结构、组成、构造等各方面都具体确定下来,从而也就确定了它的基本工程价值和预计资金投放量。

　　(2) 设计阶段是影响投资程度的关键阶段

　　工程项目实施各个阶段对投资程度的影响是不同的。其中,方案设计阶段影响最大,初步设计阶段次之,施工图设计阶段影响已明显降低,到了施工阶段影响投资的程度至多也不过 10%左右。

　　(3) 设计阶段为制定项目控制性进度计划提供了基础条件

　　随着设计的不断深入,投资目标分解可以达到较细的程度,能够进行计划的资源、技术、经济和财务的可行性分析。所以,在设计阶段完全可以制定出完整的项目进度目标规划和控制性进度计划,为施工阶段的进度控制做好准备。

　　(4) 设计工作的特殊性和设计阶段工作的多样性要求加强进度控制

　　设计工作具有一定的特殊性。首先,随着设计的一步一步深入,会发现上阶段设计存在的问题,需要进行必要的修改。因此,设计过程离不开纵向反复协调。同时,工程设计包括多种专业,各专业设计之间要保持一致,这就要在各专业设计之间进行横向反复协调,以避免和减少设计上的矛盾。这给设计进度控制带来了一定的困难。其次,设计工作是一种智力型工作,更富有创造性。设计人员也有其独特的工作方式和方法,因此不能像通常的控制施工进度那样来控制设计进度。

　　(5) 设计质量对项目总体质量具有决定性影响

　　实际调查表明,设计质量对整个工程项目总体质量的影响是决定性的,工程项目实体质量的安全可靠性在很大程度上取决于设计的质量。在那些严重的工程质量事故中,由于设计错误引起的倒塌事故占有不小的比例。

2. 设计阶段监理服务的依据

　　设计阶段监理服务的依据主要是:设计监理合同文件、国家或地方的监理法规或规定、各种设计规范、项目已经批准的各种文件、国家或地方有关的建筑经济指标或定额。

5.2.2 设计准备阶段的监理服务

在设计准备阶段,监理的主要工作是进行项目总目标的论证,对方案设计进行比较分析,协助业主选定设计方案。

1. 设计准备阶段监理服务的工作流程

选定设计方案的具体方法,可以举行设计方案竞赛,也可以采用设计招标。图 5-1 所示是举行方案竞赛情形下设计准备阶段监理的工作流程图。

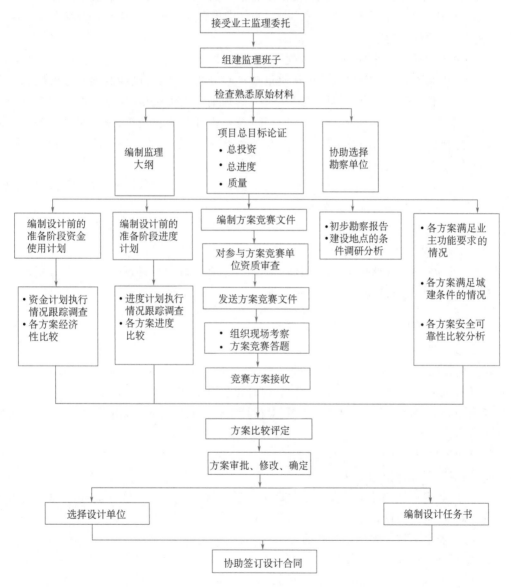

图 5-1 设计准备阶段监理服务的工作流程图

2. 设计准备阶段监理服务的工作内容和方法

(1) 熟悉项目原始资料,领会业主意图

在接受设计监理服务委托后,监理工程师首先要核查各项原始资料,包括可行性研究报告、项目评估报告、征地批文等是否完备,能否满足设计要求的基本条件,并对这些原始资料研读、熟悉、了解;其次,监理工程师应对建设项目的性质和内容进行全面深入的了解,掌握各种资料。

（2）项目总目标论证

对业主提出的项目总投资、总进度及总质量目标有必要进行分析论证。论证内容包括:在确定的总投资数额限定下,可否完成业主提出的项目规模、设备标准、装饰标准;进度目标能否达到;实现业主提出的项目规模、设备标准、装饰标准,估算总投资额需多少等。

此外,还应当对项目进行风险分析,即预测日后项目建设中可能遇到的风险及其对项目投资、进度、质量目标的影响。

（3）深入分析业主意图,进行投资规划、进度规划

在总投资额、总工期、总建筑面积及质量要求经分析论证后,设计监理服务可以深入分析业主的建设意图和建设要求,进行投资、进度的规划。投资规划,就是依据业主提出的总投资额来规划方案设计、初步设计的设计概算、技术设计的修正概算、施工图设计预算。进度规划就是依据业主提出的总工期来规划方案设计、初步设计、施工图设计及施工的期限。

（4）协助业主组织设计方案竞赛

组织设计方案竞赛,引入竞争机制,有利于选择外观美、功能强、经济性好的设计方案。设计监理要协助业主组织设计方案竞赛。

（5）其他监理工作

例如,编制设计准备阶段资金使用计划,控制资金使用计划的执行;编制设计准备阶段进度计划,并跟踪执行;协助业主选择设计单位;协助业主编制设计任务书;协助起草设计合同、参与设计合同谈判、协助签订设计合同等。

5.2.3　设计阶段监理服务

1. 设计阶段监理服务的工作内容

设计阶段监理服务的主要工作是对设计进度、质量和投资的监督管理。总的内容是依据设计任务批准书编制设计资金使用计划、设计进度计划和设计质量标准要求,并与设计单位协商一致,圆满地贯彻业主的建设意图;对设计工作进行跟踪检查、阶段性审查;设计完成后要进行全面审查。

设计阶段监理的工作内容如下。

① 编制工程设计招标文件。

② 协助业主审查和评选工程设计方案。

③ 协助业主选择设计单位。

④ 协助业主签订工程设计合同书。

⑤ 监督管理设计合同的实施。

⑥ 核查工程设计概算和施工图预算,验收工程设计文件。

由此可见,设计监理服务既不是自行设计,也不是监督设计单位,其主要工作是:

① 尽可能将业主的建设意图和要求反映到设计中。

② 及时按图估计,了解业主投资执行情况。

③ 对结构方案进行经济分析,协助改进设计经济性。

④ 参与安排并检查设计进度,确保设计按期完成。

⑤ 审查设计文件的质量。

⑥ 协调各设计单位之间的关系。

⑦ 协调设计与外部有关部门之间的工作。

通常,一个项目的设计包括建筑、结构、水、暖、电、设备、工艺等多种专业设计,因此监理机构应由各专业的监理工程师构成,当然,他们可根据需要逐步就位。

图 5-2 所示为设计阶段监理工作流程图。

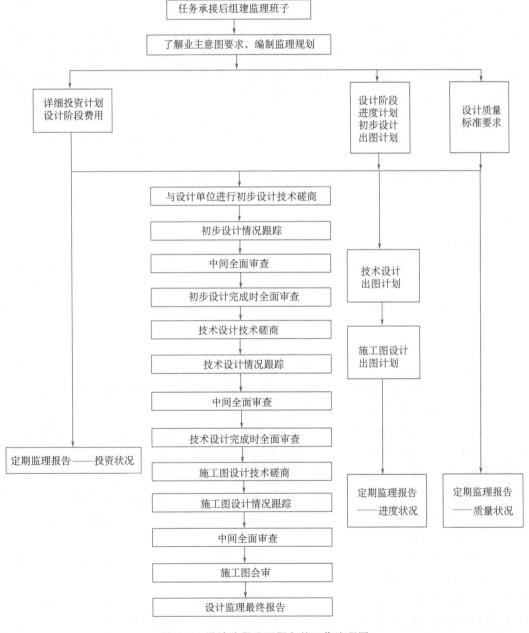

图 5-2 设计阶段监理服务的工作流程图

设计阶段监理服务审查的主要内容是：

① 设计文件的规范性、工艺的先进性和科学性、结构的安全性、施工的可行性以及设计标准的适宜性等，其中包括设计是否被采纳并实现了安全预评价、安全设施设计专篇、职业病危害预评价或职业病防护设施设计专篇、安全专篇，以及环境影响评价、节能评估所提出的相应对策措施。

② 概算或施工图预算的合理性以及业主投资的许可性，若超过投资限额，除非业主许可，否则要修改设计。

在审查上述两项的基础上，全面审查设计合同的执行情况，最后核定设计费用。

2. 设计阶段的投资控制

设计阶段项目投资控制的中心思想是采取预控手段，促使设计在满足质量及功能要求的前提下，不超过计划投资，并尽可能地实现节约，使得初步设计完成时的概算不超过估算，技术设计完成时的修正概算不超过概算，施工图完成时的预算不超过修正概算。另外，监理工程师要对设计进行技术经济比较，通过比较寻求设计挖潜的可能性。

设计阶段投资控制包含两层含义：一，依据计划投资促使各专业设计工程师进行限额设计，并采取各种措施，确保设计所需投资不超过计划投资；二，控制设计阶段费用支出。

（1）限额设计

限额设计就是在计划投资范围内进行设计。即按照批准的投资估算控制初步设计，按照批准的初步设计总概算控制技术设计或施工图设计，同时各专业在保证达到使用功能的前提下，按分配的投资限额控制设计，严格控制技术设计和施工图设计的不合理变更，保证总投资限额不被突破。

在发达国家，限额设计开展得极为普遍。而我国长期以来的建设项目经常是概算超估算、修正概算超概算、预算超修正概算、决算超预算，引起"四超"的原因是多方面的，其中之一是设计人员很少考虑经济性，很少考虑限额设计。当然，限额设计不是要限制设计人员的设计思想，而是要让设计人员把设计的技术性和经济性两者结合并统一起来。

与限额设计相对应的是过分设计，简言之就是安全系数过大的设计。监理工程师有必要在这方面下功夫，对结构型式、重要配筋、材料选用等进行核对分析，并考察经济性，尽量减少过分设计，降低投资。通常，未经业主同意，设计监理无权提高设计标准和设计要求。

（2）应用价值分析对设计进行技术经济比较

常规工程设计方法，通常是各个专业工种依据业主的要求套用各自的设计规范和技术标准，采用本专业认为必要的最高安全系数进行设计，这样局部系统虽然得到优化，但对全寿命周期的总成本缺乏应有的考虑，有可能牺牲总体系统效能。

在设计进展过程中，设计监理要应用价值分析方法进行项目全寿命费用分析，不仅考虑一次投资，还要考虑到项目动用后的经常费用，监理工程师要全面考虑、权衡、分析。

（3）控制设计变更

一方面，设计监理在审查设计时若发现超投资，可通过代换结构型式或设备，或者请求业主降低装修等标准来修改设计，从而降低设计所需投资。另一方面，在设计进展过程中，经常会因业主的项目构思变化或其他方面的因素而要求变更设计。对此，设计监理要慎重对待，认真分析，要充分研究设计变更对投资和进度带来的影响，并把分析的结果提交给业主，由业主最后审定是否要变更设计。同时，设计监理要认真做好变更记录，并向业主提供月(季)设计变更报告。

（4）参与主要材料、设备的选用

主要设备、材料的投资往往占整个工程投资的四分之一甚至更多，稍一疏忽，投资便大有出入。对此，设计监理要充分研究，了解业主的需求，以使主要材料、设备的选用及采购经济合理。

（5）控制阶段支出

监理工程师要监督资金计划的执行，包括复核付款账单，必要时调整资金计划，以免引起超支。

3. 设计阶段的进度控制

设计阶段进度控制的主要任务是出图控制，也就是要采取有效措施促使设计人员如期完成初步设计、技术设计、施工图设计的图纸。

（1）进度计划的制定

设计监理要会同有关设计负责人依据总的设计时间来安排初步设计、技术设计、施工图设计三个阶段完成的最后时间，然后会同设计单位分析各专业工种设计图纸的工作量和非图纸工作量及各专业设计的工作顺序，由设计单位编制详细的出图计划，由监理工程师进行审查。

（2）设计进度控制

实际中，业主常常把设计任务委托给设计单位并请求或要求在什么时间完成，极少过问设计单位具体的设计进度安排，也极少审查设计单位的进度计划安排，在设计过程中，业主也缺乏控制进度的手段。为了加快设计进度，往往只有采取给设计加班费的办法。

设计监理在进度控制中的具体措施有：

① 落实项目监理机构中专门负责设计进度控制的人员，按合同要求对设计工作进度进行严格的监控。

② 对设计进度的监控实施动态控制，定期检查设计工作的实际完成情况，并与计划进度进行比较分析，如发现出图进度拖后，监理要敦促设计方加班加点，增加设计力量，加强相互协调与配合来加快设计进度。

③ 对设计单位填写的设计图纸进度表进行核查分析，提出自己的见解，将各设计阶段的每一张图纸的进度纳入监控之中。

（3）采购控制

这里的采购指工程所需主要材料、设备的采购，它是项目如期开工和施工顺利进展的重要前提之一。根据施工的要求和采购周期来安排采购计划，这一工作通常在设计阶段就已开始，并且要持续到施工尾声阶段。设计单位在完成施工图后要编制一份主要材料、设备清单，设计监理要进行审核，并分析主要材料、设备大致需要到货的时间，与业主商量，以确定哪些由业主自行采购，哪些应委托施工承包商或进行采购招标。

如果是自行采购的，就要考虑采购周期、施工要求，安排采购计划，并及时检查执行情况。如果是采购招标，就要落实招标计划。

4. 设计阶段的质量控制

工程质量主要取决于设计质量、材料设备的质量和施工质量，设计质量的好坏直接影响工程竣工投产后的使用。在设计过程中及阶段设计完成时，设计监理要加强对设计图纸的审核、检查,必要时聘请有关方面的专家进行会审。

（1）设计质量目标

设计质量总的目标是:在经济性好的前提下,建筑造型、使用功能及设计标准满足业主的要求;结构安全可靠,符合国家标准规范及城规、公用设施等部门的规定;具有较好的施工可行性。

在推行工程量清单计价这一国际通行做法后,设计深度及设计质量的控制,显得尤为重要,因为工程量清单计价的依据是工程量清单,而工程量清单编制的精确程度除了编制人员的水平外,主要取决于设计深度和设计质量。如果施工设计图纸中存在较多的错、漏、缺、碰等现象,势必严重影响工程量清单编制的准确程度,造成工程量清单漏项或施工项目特征无法表达清楚,在施工过程中就会使变更增多,承包人索赔,最终导致投资失控。

设计监理要把设计的具体要求、设计质量目标描述清楚、具体,反映到设计招标文件、设计任务书或设计纲要及设计合同中去。在设计过程中,如果有进一步的要求需要明确时,也可以通过监理工程师函指示设计人员,但一定要及早。

（2）设计质量控制方法

控制设计质量的主要手段是进行设计质量跟踪,也就是在设计过程中和阶段设计完成时,对设计文件进行深入细致的审查,审查其与质量目标的符合性。这类似于施工监理的工序验收,验收不通过则需要整改或返工。审查的内容主要有:图纸的规范性,建筑造型与立面设计,平面设计,空间设计,装修设计,结构设计,工艺流程设计,设备设计,水、电、自控等设计,城规、环境、消防、卫生等部门的要求满足情况等,以及各专业设计的协调一致情况和施工可行性。

在审查过程中,要特别注意过分设计与不足设计两种极端情况。过分设计,结构安全,但安全系数过高,导致经济性差,浪费投资;不足设计则相反,省投资,但结构不安全。

设计质量控制不是监督设计人员画图,不是监督设计人员进行结构计算。目前我国的施工质量监理,监理人员常常采用"旁站法",有的几乎成了承包商的施工员,这是我国推行施工监理初期特有的产物,目前,施工监理旁站还有其较好的收效。但对于设计质量监理,旁站是行不通的,也是没有必要的。而是要定期地对设计文件进行审查,必要时要对计算书进行核查,发现不符质量标准和要求的,要指示设计人员予以修改,直至符合设计质量目标为止。

对于设计质量的控制,监理工程师应尽可能利用建筑信息模型（Building Information Modeling,简称 BIM）技术,通过可视化、参数化、三维模型设计,提高设计水平,降低工程投资,实现从设计、采购、建造、投产到运行的全过程集成运用。

5. 合同管理

发包人委托设计监理单位进行设计监理,把投资、进度、质量控制任务交给监理的同时,一般也要请设计监理进行合同管理,因为后者是完成前者任务的重要手段。

（1）合同类型的选择

合同的签订主要考虑责任、付款方式和风险三大要素,即 3R（responsibility, reimbursement 和 risk）,在起草、签订合同时对这三方面的内容要深思熟虑,不能草率行事。一般情况下,对于勘察合同、设计合同来说,较多选用的合同形式有固定总价合同、实际成本加固定数额酬金合同和实际成本加固定百分比酬金合同。

（2）合同分析

合同分析是合同监督与管理的基础。设计监理要对业主委托管理的合同进行分类分析，统一编号，将设计单位、主要图纸完成进度、设计费支付安排等形成合同数据档案，利用计算机辅助管理，以便随时查阅合同执行情况，防止引发经济责任，减少被对方索赔的机会。

（3）合同监督

合同监督是要对设计阶段每个合同的执行情况进行跟踪监督。监督包含两方面：一是业主方前一时期合同执行情况和下一阶段合同要求业主方要做的工作，以指导业主方如订货、付款、验收、提供某方面资料或条件等工作的如期进行；二是检查合同的另一方（如设计、勘察、设备供应商）前一阶段合同执行情况和下一阶段要做的工作。

合同监督工作要自合同签订之日起开始，直至合同解除，期间要经常反复进行。

（4）控制合同变更

一般说来，适当而及时的合同变更可以弥补初期合同条款的不足，但过于频繁或失去控制的合同变更，会给项目带来重大损失甚至导致项目失败。因此，合同管理人员要严格控制合同变更，深入分析变更可能产生的影响和后果，尽量减少不必要的合同变更；必要的变更应尽量提前，对于非发生不可的合同变更，设计监理应促成合同双方应共同协商谋求一致意见，并对各变更方案比较分析，选择变更损失最小的方案。

5.3 建设工程施工招标阶段的监理服务

建设工程施工招投标阶段，监理服务工作主要是组织工程招标，参与招标文件和标底的编制，参与评标、定标以及中标后承包合同的签订等工作。监理工程师应该熟悉国际、国内工程建设招投标的有关工作程序和规定，以保证提供高质量的服务。

建设工程
施工招标
阶段的监
理服务

1. 施工招标阶段监理服务工作程序

（1）招标准备

① 选定招标方式 《建筑法》规定的招标方式只有公开招标和邀请招标两种。监理工程师应根据工程的实际情况，在法律允许的范围内，建议业主采用合适的招标方式。其次，是由业主自行招标还是委托招标代理机构招标，也应该根据法规的要求和业主的实际情况予以确定。

② 编制和审核招标文件的内容 监理工程师一般应协助发包人建设单位发布招标公告，编制招标文件，招标文件主要内容有：投标人须知、合同主要条款、投标文件格式、工程量清单（采用工程量清单招标的）、技术条款、标底（如果需要）、评标标准和方法，投标辅助材料等。

③ 资格预审 采用资格预审办法对潜在投标人进行资格审查的，应当发布资格预审公告、编制资格预审文件。对承包人进行资格预审，并提出资格预审报告。

（2）招标

① 协助发包人召开标前会议，介绍招标工程的要求、内容、合同重点条款，以及发送招标文件等。

② 组织投标者勘察现场，召开答疑会。处理投标者提出的各种质疑，或者给予解答，或者将相关重要信息及时传递给发包人，协助发包人对重要合同条款的补遗或修改等。

③ 在投标人投标以前，监理工程师要根据工程量清单内容对有关材料、设备及安装的价

格,以及工艺产品价格进行收集,使得在评标过程中有足够的依据。

（3）评标

① 在规定的时间,监理工程师应参与开标过程。

② 如果监理工程师作为发包人方代表进入评标委员会,则应认真履行职责,在规定的时间内公正地进行评标,对投标报价进行分析,并将初步分析结果报告发包人,特别是重点内容投标报价的情况分析,提请发包人应注意的一些问题。

（4）定标

① 监理工程师应将招标过程的全部情况整理出一份报告,提供给发包人,同时还应从专业立场列出所有投标承包人的优势与不足,以及预见会出现的各种情况和困难,报告给发包人。

② 当发包人已有定标意向后,监理工程师就要协助发包人去准备正式合同文件。监理工程师的工作重点在于针对不同工程的特点审核合同的条款是否清楚明了,合同的责任有否重复和遗漏,尽可能避免今后争议和索赔。

③ 定标后,监理工程师应协助发包人与承包人签订合同。在合同没有签订前,合同条款均可与承包人协商和修改,但监理工程师应当使发包人利益免受损害。

2. 施工招标阶段监理服务工作要点

招标服务是监理工程师一项专业化很强的工作。其工作效果的好坏直接影响着整个工程的质量、进度、投资及施工阶段监理任务的完成。因此,监理工程师必须努力掌握有关经济合同、法律、技术等方面专业知识,提高本身的业务素质,为搞好这一工作打好基础。从建设监理控制的三大目标来看,招标阶段监理工作任务的要点有:

（1）投资控制

① 组织措施　编制招标、评标、发包阶段投资控制详细工作流程图;在项目监理机构中落实从投资控制角度参加招标工作、评标工作、合同谈判工作的人员、具体任务及管理职能分工。

② 经济措施　实行工程量清单计价方式后,工程量清单作为投标计价的基础依据,成为投资控制的核心。因此,必须高度重视工程量清单的编制工作。工程量清单编制要符合招标文件的要求,真实准确地反应设计图纸的内容。每一个子目的项目特征应表述完整、准确,做到不漏项、不多算、不少算、不留缺口并尽可能减少暂定项目,避免投标人采取不利于发包人的策略报价,减少施工索赔的可能性。必要时,监理工程师应组织设计人员、工程量清单编制人员对施工图进行预审,弥补施工图设计中存在的缺陷,进一步完善设计文件,为工程量清单计价提供可靠依据。

③ 技术措施　技术措施主要是对各投标文件中的主要施工技术方案做必要的技术经济论证。

④ 合同措施　合同措施主要是指:参与合同谈判,把握住合同价款方式（固定价、可调价、成本加酬金）及付款方式等合同条款的内容。

（2）质量控制

① 审核施工招标文件中的施工质量要求和设备招标文件中的质量要求。

② 评审各投标书质量部分的内容。

③ 审核施工合同中的质量条款。

（3）进度控制

① 协调好与招标工作有关的各单位之间的关系，使招标工作按照计划的时间完成。

② 审核施工招标文件中的施工进度要求。

③ 评审各投标书进度部分的内容。

④ 审核施工合同中与进度有关的条款。

思考题

1. 结合设计阶段的特点谈谈进行设计监理的必要性。

2. 设计阶段投资控制的任务是什么？

3. 设计准备阶段的工作内容有哪些？

4. 试述设计阶段质量控制的方法。

5. 什么叫限额设计？

6. 施工招标阶段监理工作的内容有哪些？

第6章

建设工程施工阶段的监理

6.1 施工阶段的特点和监理工作流程

6.1.1 建设工程在施工阶段的特点

施工阶段
的特点和
监理工作
流程

1. 施工阶段是以执行计划为主的阶段

施工阶段是以执行计划为主的阶段。就具体的施工工作来说，基本要求是"按图施工"。这表明，在施工阶段，创造性劳动较少。不过对于大型、复杂的建设工程来说，其施工组织设计（包括施工方案）仍然需要相当高的创造性劳动，某些特殊的工程构造也需要创造性的施工劳动才能完成。

2. 施工阶段是实现建设工程价值和使用价值的主要阶段

施工是形成建设工程实体、实现建设工程使用价值的过程。虽然建设工程的使用价值从根本上说是由设计决定的，但是如果没有正确的施工，就不能完全按设计要求实现其使用价值。对于某些特殊的建设工程来说，能否解决施工中的特殊技术问题，能否科学地组织施工，往往成为其设计所预期的使用价值能否实现的关键。

3. 施工阶段是资金投入量最大的阶段

施工阶段既然是实现建设工程价值的主要阶段，自然也是资金投入量最大的阶段。因而要合理确定资金筹措的方式、渠道、数额、时间等问题，在满足工程资金需要的前提下，尽可能减少资金占用的数量和时间，降低资金成本。一般地，施工阶段影响投资的程度虽然只有 10%左右，但其绝对数额很大。在施工阶段也仍然存在通过优化的施工方案来降低建设工程投资的可能性。

另外，在施工阶段，面对大量资金的支出，业主往往特别关心、甚至直接参与投资控制，对投资控制的效果也有直接、深切的感受。因此，在实践中往往把施工阶段作为投资控制的重要阶段。

4. 施工阶段需要协调的内容多

在施工阶段，既涉及直接参与工程建设的单位，也涉及不直接参与工程建设的单位，需要协调的内容很多。如设计与施工、材料设备供应与施工、结构施工与设备安装及装修施工、总包商与分包商的协调等，还可能需要协调与政府有关管理部门、工程毗邻单位之间的关系。实践中常常由于这些单位和工作之间的关系不协调而使建设工程的施工不能顺利进行，不仅直接影响施工进度，而且影响投资目标和质量目标的实现。因此，在施工阶段的协调显得特别重要。

5. 施工质量对建设工程总体质量起保证作用

虽然设计质量对建设工程的总体质量有决定性影响,但是,建设工程毕竟是通过施工将其"做出来"的。因此,设计质量能否真正保证,其实现程度的优劣,取决于施工质量。设计质量在许多方面是内在、抽象的,而施工质量则大多是外在(包括隐蔽工程在被隐蔽之前)的、具体的,给用户以最直接感受的。施工质量低劣,不仅不能真正实现设计所设想的功能,而且可能增加使用阶段的维修难度和费用,缩短建设工程的使用寿命,直接影响建设工程的经济效益和社会效益。由此可见,施工质量不仅对设计质量的实现起到保证作用,也对整个建设工程的总体质量起到保证作用。

此外,施工阶段还有一些其他特点,其中较为主要的表现在以下两方面。

① 施工阶段是建设工程实施各阶段中持续时间最长的阶段,在此期间出现的风险因素也最多。

② 施工阶段涉及的合同种类多、数量大,从业主的角度来看,合同关系复杂,极易导致合同争议。其中,施工合同与其他合同联系最为密切,其履行时间最长,本身涉及的问题最多,最容易产生合同争议和索赔。

6.1.2　施工阶段监理工作主要程序

施工阶段监理工作的主要程序如图6-1所示。

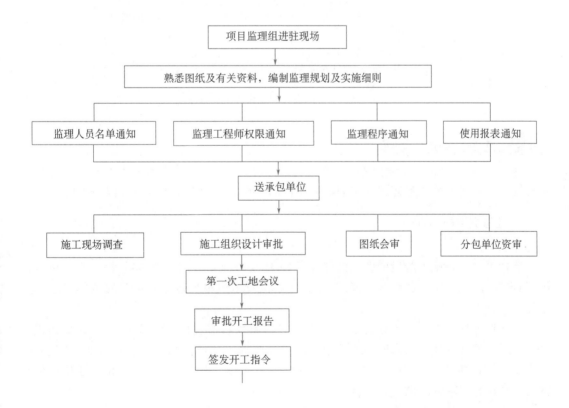

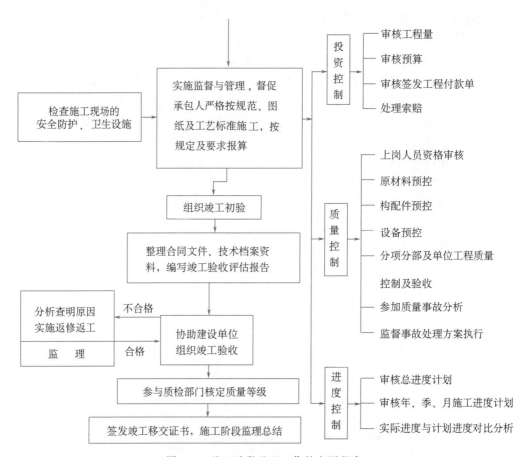

图 6-1　施工阶段监理工作的主要程序

施工准备
阶段的监
理

6.2　施工准备阶段的监理

施工准备阶段是指承包单位进驻施工现场,开展各项施工前准备的工作阶段。项目监理机构进驻现场后到工程正式动工前这一阶段的监理工作即是施工准备阶段的监理工作。

6.2.1　监理机构的运行

1. 项目监理机构

监理单位履行施工阶段的委托监理合同时,应及时建立监理组织体系,提出组织机构框图,制定监理规划,明确各级职责范围,与建设单位及承包单位建立起正常的工作程序和联系渠道。

在建设工程监理合同签订后,监理单位应及时将项目监理机构的组织形式、人员构成及对总监理工程师的任命书面通知建设单位。工程监理单位调换总监理工程师的,事先应征得建设单位同意;调换专业监理工程师的,总监理工程师应书面通知建设单位。建设单位应授权一名熟悉工程情况的代表,负责与项目监理机构联系。

总监理工程师可同时担任其他建设工程的总监理工程师,但最多不得超过三项。

施工现场监理工作全部完成或建设工程监理合同终止时,项目监理机构可撤离施工现场。

2. 监理设施

监理设施包括办公设施及其用品、住房设施及其用品、试验设施及其仪器、测量和气象仪器、监理用车和通信设备等。各种监理设备的规格和数量,可根据工程规模、工程种类等实际情况,由监理单位与建设单位商定,在施工合同或监理合同中详细列明。按照建设工程监理合同约定,监理工作需要的办公、交通、通信、生活等设施应由建设单位提供,项目监理机构应妥善使用和保管,并应按监理合同约定的时间移交建设单位;监理机构工作需要的常规检测设备和工具、器具则应由工程监理单位配备。

3. 监理规划和监理实施细则

总监理工程师要组织专业监理工程师在熟悉工程设计图纸和相关合同文件的基础上,根据监理大纲的基本思路,编制监理规划和监理实施细则。

监理规划和监理实施细则的编制应抓住"三控三管一协调"主线,要注重安全监理的内容,监理规划要明确安全监理的范围、内容、工作程序和制度措施,以及人员配备计划和职责。对中型及以上项目、危险性较大的分部分项工程,还应当编制含有安全内容的监理实施细则,明确安全监理的方法、措施和控制要点。

监理规划应在签订建设工程监理合同及收到工程设计文件后编制,并在召开第一次工地会议前 7 天报送建设单位。

6.2.2　施工准备阶段的主要监理工作内容

施工准备阶段的监理工作,总体上属于预测预防的事前控制性质。

1. 质量控制工作内容

（1）掌握和熟悉质量控制的技术依据

项目总监理工程师应组织监理人员熟悉设计图纸和文件,掌握质量控制的技术依据。

① 熟悉设计图纸及设计说明书,对图纸中存在的问题,应通过建设单位向设计单位提出书面意见和建议。

② 熟悉建筑安装工程质量评定标准及施工验收规范。

③ 工程有特殊要求时,应达到的质量指标及验收方法。

（2）组织设计交底和图纸会审

设计交底和图纸会审一般同时进行,由发包人代表或总监理工程师组织,项目监理人员都应参加,总监理工程师应对设计技术交底及图纸会审纪要进行签认。

（3）审查施工单位提交的施工组织设计或施工方案

总监理工程师组织专业监理工程师审查承包单位报送的施工组织设计（方案）,重点是:

① 施工组织设计或施工方案,对保证工程质量和安全是否有可靠的技术和组织措施。如重点分部（项）工程的施工工艺文件是否完备;质量通病的防治措施是否可行,材料、制品、试件等的取样方法及试验方案是否正确。

② 施工组织设计或施工方案是否符合工程建设强制性标准的要求。

（4）审查承包单位的质量体系

总监理工程师审查承包单位现场项目管理机构的质量管理体系、技术管理体系和质量保证体系。

（5）审查施工队伍的资质

① 总承包单位的资质在招标阶段业已进行了审查,开工时主要检查工程主要技术负责人是否到位。

② 审查分包单位资质。

③ 审查关键岗位施工人员的岗位证书、操作证书。

(6) 施工场地的质量验收

① 现场障碍物,包括地下、架空管线等设施的拆除、迁建,及清除后的情况。

② 查验施工承包人的施工测量放线成果,包括现场定位轴线及高程标桩的测设及保护措施。

(7) 工程所需原材料、半成品的质量控制

① 审核工程所用材料、半成品的出厂证明、技术合格证或质量保证书。

② 某些工程材料(主要为装饰材料)、制品(如五金灯具、卫生洁具等)需审查样品后方可订货。

③ 采用新材料、新型制品,应检查技术鉴定文件。

④ 对重要原材料、制品、设备的生产工艺、质量控制、检测手段应到生产厂家实地考察。

⑤ 对结构构件生产厂家,应核查其生产许可证,并考察生产工艺及质量保证体系。

⑥ 设备安装前按相应技术说明书的要求进行质量检查。

(8) 施工机械设备的质量控制

① 凡直接涉及工程质量的施工机械,如混凝土搅拌机、振动器等,应按技术说明书查验其相应的技术性能,不符合要求的,不得在工程中使用。

② 施工中使用的衡器、量具、计量装置等应有相应的技术合格证,正式使用前应进行校验或校正。

(9) 施工单位自备试验室的资质及人员设备考察审批

2. 投资控制工作内容

施工准备阶段投资控制的目的是进行工程风险预测,并采取相应的防范性对策,尽量减少施工单位提出索赔的可能。

① 审查施工单位提交的动员预付款、备料预付款以及工程进度款支付计划。

② 工程预付款。双方应当在专用条款内约定发包人向承包人预付工程款的时间和数额,开工后按约定的时间和比例逐次扣回。预付时间应不迟于约定的开工日期前7 d。发包人收到通知后仍不能按要求预付,承包人可在发出通知后7 d停止施工,发包人应从约定应付之日起向承包人支付应付款的贷款利息,并承担违约责任。

③ 熟悉设计图纸、设计要求、标底及投标标书,分析合同价构成因素,分析工程费用最易突破的部分或环节,明确投资控制的重点。

④ 预测工程风险及可能发生索赔的诱因,制定防范性对策,减少向发包人索赔事件的发生。

⑤ 按合同规定的条件,如期提交施工现场,使其能如期开工、正常施工、连续施工,避免违约造成索赔条件。

⑥ 按合同要求,按期、保质、保量地供应由发包人负责的材料、设备到现场,避免违约导致索赔。

⑦ 按合同要求,及时提供设计图纸等技术资料,避免违约导致索赔。

3. 进度控制工作内容

施工准备阶段的进度控制,是保证按期开工,即进行工期预控,主要工作内容有:

① 编制项目实施总进度计划。项目实施总进度计划为项目实施起控制作用的工期目标,是确定施工承包合同工期条款的依据,是审核施工单位提交施工计划的依据,也是确定和审核施工进度与设计进度、材料设备供应进度、资金、资源计划是否协调的依据。

② 审核施工单位提交的施工进度计划。主要审核是否符合总工期控制目标的要求,审核施工进度计划与施工方案的协调性和合理性等。

③ 审核施工单位提交的施工方案。主要审核保证工期,充分利用时间、空间,能尽量保证全天候施工的技术组织措施的可行性、合理性。

④ 审核施工单位提交的施工总平面图。主要审核施工总平面图与施工方案、施工进度计划的协调性和合理性。

⑤ 制定由发包人供应材料、设备的采、供计划。提出项目所需的材料、设备的需用量及供应时间参数,编制有关材料、设备部分的采供计划。

⑥ 按期完成现场障碍物的拆除,及时向施工单位提供施工现场。

⑦ 施工单位用于工程的材料、机械、仪器和设施的进场计划及清单,用于工程的本地材料落实情况,并应提交料源分布图及供料计划。

4.安全监查的内容

对施工单位安全方面的监查项目有:

① 审查施工单位资质和安全生产许可证是否合法有效。

② 检查施工单位在工程项目上的安全生产规章制度和安全监管机构的建立、健全及专职安全生产管理人员配备情况,督促施工单位检查各分包单位的安全生产规章制度的建立情况。

③ 审查项目经理和专职安全生产管理人员是否具备合法资格,是否与投标文件相一致。

④ 审核特种作业人员的特种作业操作资格证书是否合法有效。

⑤ 审核施工单位应急救援预案和安全防护措施费用使用计划。

⑥ 审查施工单位编制的施工组织设计中的安全技术措施和危险性较大的分部分项工程安全专项施工方案是否符合工程建设强制性标准的要求。主要内容应当包括:

a. 施工单位编制的地下管线保护措施方案是否符合强制性标准的要求。

b. 基坑支护与降水、土方开挖与边坡防护、模板、起重吊装、脚手架、拆除、爆破等分部分项工程的专项施工方案是否符合强制性标准的要求。

c. 施工现场临时用电施工组织设计或者安全用电技术措施和电气防火措施是否符合国家强制性标准的要求;

d. 冬期、雨期等季节性施工方案的制定是否符合强制性标准的要求。

e. 施工总平面布置图是否符合安全生产的要求,办公、宿舍、食堂、道路等临时设施设置以及排水、防火措施是否符合强制性标准的要求。

5. 合同管理工作

① 合同监理人员应全面熟悉合同文件,对合同文件中存在的差错、遗漏、含糊不清等问题应查证清楚,做出合理的解释,提出合理的处理方法,如建议发包人与相关方签订补充协议对合同予以完善等。

② 审查分包合同,结构件、主要材料设备的采购合同。

　　③ 检查承包人的保险及担保情况。

6. 信息管理工作

　　总监理工程师除了明确规定监理部内部信息沟通的程序、规则外,施工准备阶段更应注意沟通与承包人的联系渠道,明确工作例行程序,根据监理规划和监理实施细则,统一制订出进行质量、进度、工程费用控制和合同、信息管理的各种记录、报表、证书及图式,送交承包人制备,供监理工程师和承包人共同使用。这些表格及说明如下。

　　① 质量控制的主要程序、表格及说明。

　　② 施工进度控制的主要程序、图表及说明。

　　③ 计量支付的主要程序、报表及说明。

　　④ 工程延期与索赔的主要程序、报表及说明。

　　⑤ 工程变更的主要程序、图表及说明。

　　⑥ 工程质量事故及安全事故的报告程序、报表及说明。

　　⑦ 函件的往来传递交接程序、格式及说明。

　　⑧ 确定工地会议的时间、地点及程序。

6.2.3　施工准备阶段的重要监理活动

1. 第一次工地会议

　　第一次工地会议是建设工程尚未全面展开前,建设单位、工程监理单位和施工单位对各自人员及分工、开工准备、监理例会的要求等情况进行沟通和协调的会议。会上,总监理工程师应当介绍监理工作的目标、范围和内容、项目监理机构及人员职责分工、监理工作程序、方法和措施等内容,并检查开工前各项准备工作是否就绪并明确监理程序的会议,宜尽可能早地召开。

　　(1) 会议的组织

　　第一次工地会议应由建设单位主持;也可先由建设单位主持,在建设单位根据委托监理合同宣布对总监理工程师的授权后,会议再交由总监理工程师主持。总监理工程师应事前将会议议程及有关事项通知建设单位、承包人及有关方面,必要时可先召开一次预备会议,使参加会议的各方做好资料准备。

　　现场监理机构的监理工程师和承包人的授权代表必须出席会议,一般也邀请分包商、发包人与设计人员的代表参加。各方将要在工程项目中担任主要职务的部门(项目)负责人及指定分包人也应参加会议。

　　在会议举行中,如果某些重大问题达不成共识,或不能满足相应的要求,可以暂时休会,待条件具备时再行复会。

　　(2) 会议的内容

　　第一次工地会议是监理工程师与承包人的第一次正式接触,要确定许多影响以后工作的制度与原则,创造良好的合作开端。还要检查工程的开工条件,决定工程何时开工或能否开工,因此,第一次工地会议具有极为重要的意义,会议的主要内容如下。

　　① 建设单位、施工单位和工程监理单位分别介绍各自驻现场的组织机构、人员及其分工。监理工程师应检查相关人员的资质及授权情况。

②建设单位介绍工程开工准备情况,协商移交工地占有权,包括确定发包人移交工地的时间、用地范围,对地下勘察资料的意见,工地水、电、通信与道路条件等。

③施工单位介绍施工准备情况,如进度计划的审批,施工劳动力的安排,机械设备到场情况,临时设施的准备情况,承包人主要人员进驻现场情况,分包情况,保险、担保、保证金的办理等。

④建设单位代表和总监理工程师对施工准备情况提出意见和要求。

⑤总监理工程师介绍监理规划的主要内容,包括明确工作例行程序,确定协商联络的方式和渠道,并向承包人提供监理有关表格及说明等。

⑥研究确定各方在施工过程中参加监理例会的主要人员,召开监理例会的周期、地点及主要议题。

⑦其他有关事项,如确定与第三方的关系,工地的公用设施与维护,本工程开工与毗邻单位的关系等。

（3）会议的结论

第一次工地会议的结论意见(由总监理工程师提出),一般有以下两种情况。

①各方对工程准备情况已达到可以开工的条件(或基本达到)达成共识,总监理工程师准备下达开工通知。

②准备的情况未达到开工条件,确定下次重新召开工地会议的时间。

总监理工程师组织对会议全部内容整理成纪要文件。纪要文件应包括:参加会议人员名单,承包人、发包人及监理工程师开工前准备工作的详情,与会者讨论时发表的意见及补充说明,总监理工程师的结论意见等。

2. 设计交底与图纸会审

（1）设计交底

设计交底是指在施工图完成并经审查合格后,设计单位在设计图纸文件交付施工时,就施工图设计文件向施工单位和监理单位做出详细的说明,其目的是使施工单位和监理单位正确理解设计意图,加深对设计特点、难点的理解,掌握关键工程部位的质量要求,确保工程质量。

设计交底的主要内容一般包括:施工图设计文件总体介绍,设计的意图说明,特殊的工艺要求,建筑、结构、工艺、设备等各专业在施工中的难点和容易发生的问题说明。

（2）图纸会审

图纸会审是指承担施工阶段监理的监理单位组织施工、材料、设备供货等相关承包人,在收到审查合格的施工图设计文件后,在设计交底前进行的全面深入地熟悉和审查施工图纸的活动。

图纸会审目的,一是使施工单位和各参建单位熟悉设计图纸,了解工程特点和设计意图,找出需要解决的技术难题,并制定解决方案;二是为了发现图纸中存在的问题,减少图纸的差错。

图纸会审的内容如下。

①是否无证设计或越级设计,图纸是否经设计单位正式签署。

②地质勘探资料是否齐全。

③设计图纸与说明是否齐全,有无分期供图的时间表。

④设计地震烈度是否符合当地要求。

⑤ 总平面与施工图的几何尺寸、平面位置、标高等是否一致;建筑图与结构图的平面尺寸及标高是否一致,表示方法是否清楚;平面图、立面图、剖面图之间有无矛盾,标注有无遗漏。

⑥ 几个设计单位共同设计的图纸相互间有无矛盾,专业图纸之间有无矛盾。

⑦ 防火、消防措施是否满足要求。

⑧ 地基处理方法是否合理。

⑨ 材料来源有无保证,能否代换;设计所要求的条件能否满足;新材料、新技术的应用有无问题。

⑩ 建筑与结构构造是否存在不能施工、不便于施工的技术问题,或容易导致质量、安全、工程费用增加等方面的问题。

⑪ 工艺管道、电气线路、设备装置、运输道路与建筑物之间或相互间有无矛盾,是否合理。

⑫ 施工安全、环境卫生有无保证。

⑬ 施工图中所列各种标准图册,施工单位是否具备。

设计交底与图纸会审一般同时进行,便于设计单位就监理和施工单位提出的问题作出解释,或修改设计,或补充设计。同样,设计交底与图纸会审的结论应形成纪要文件,作为监理的依据。

3. 开工通知

开工通知俗称开工令,是发包人按照法律规定获得工程施工所需的许可,并同意后,由监理人发出的开工通知。工期自开工通知中载明的开工日期起算。开工日期是很重要的合同要素,因为承包人需要有一个明确的开工日期,以便从分包商、供应商及其他有关方面预先得到所需要的承诺(如订货、租用机械、提供劳力等事项),并获得发包人支付的预付款。

(1) 正常开工

承包人在接到开工通知后,应当迅速而毫不拖延地开始该工程的施工。而对于发包人来说,则要在总监理工程师发出开工通知的同时,按合同规定的施工顺序的要求,把工程所需的场地移交给承包人,如拖延时间则会导致工程延期,并且发包人得支付一笔额外费用。

对于总监理工程师发出开工通知的时间,现行《建筑工程施工合同(示范文本)》明确规定,监理人应在计划开工日期 7 d 前向承包人发出开工通知,若因发包人原因造成监理人未能在计划开工日期之日起 90 d 内发出开工通知的,承包人有权提出价格调整要求,或者解除合同。发包人应当承担由此增加的费用和(或)延误的工期,并向承包人支付合理利润。

(2) 延期开工

无论是承包人还是发包人,在认为开工条件不具备的情况下,均可提出延期开工的要求。

因发包人原因未按计划开工日期开工的,发包人应按实际开工日期顺延竣工日期,确保实际工期不低于合同约定的工期总日历天数。因发包人原因导致工期延误需要修订施工进度计划的,承包人应向监理人提交修订的施工进度计划,并附具有关措施和相关资料,由监理人报送发包人,发包人和监理人应在收到修订的施工进度计划后 7 d 内完成审核和批准或提出修改意见。发包人和监理人对承包人提交的施工进度计划的确认,不能减轻或免除承包人根据法律规定和合同约定应承担的任何责任或义务。

因承包人原因造成延期开工的属按工期延误性质,如果逾期竣工,承包人应承担违约责任。

6.3 施工阶段的质量控制

施工阶段
的质量控
制

任何工程项目都是由分项工程、分部工程和单位工程所组成,而工程项目的建设,则是通过一道道工序来完成。所以,施工项目的质量控制是从工序质量到分项工程质量、分部工程质量、单位工程质量的系统控制过程,也是一个从对投入原材料的质量控制开始,直到完成工程质量检验为止的系统过程。

6.3.1 施工质量控制的基本任务和依据

1. 质量控制的任务

(1)严格按照批准的施工组织设计(方案)组织施工

项目监理机构应要求承包单位必须严格按照批准的(或经过修改后重新批准的)施工组织设计(方案)组织施工。在施工过程中,当承包单位对已批准的施工组织设计进行调整、补充或变动时,应经专业监理工程师审查,并应由总监理工程师签认。

(2)确保重点部位、关键工序的施工质量

专业监理工程师应要求承包单位报送工程重点部位、关键工序的施工工艺和确保工程质量的措施,审核同意后予以签认。对重点部位、关键工序的认定,项目监理机构应与承包单位共同商定。

(3)严格审批"四新"技术

当承包单位采用新材料、新工艺、新技术、新设备时,专业监理工程师应要求承包单位报送相应的施工工艺措施和证明材料,组织专题论证,经审定后予以签认。

(4)复核施工测量放线成果

专业监理工程师应对承包单位在施工过程中报送的施工测量放线成果进行复验和确认。

(5)监控试验室

专业监理工程师应从以下5个方面对承包单位的试验室进行考核。

① 试验室的资质等级及其试验范围。

② 法定计量部门对试验设备出具的计量检定证明。

③ 试验室的管理制度。

④ 试验人员的资格证书。

⑤ 本工程的试验项目及其要求。

(6)严把材料质量关

专业监理工程师应对承包单位报送的拟进场工程材料、构配件和设备的报审表及其质量证明资料进行审核,并对进场的实物按照委托监理合同约定或有关工程质量管理文件规定的比例采用平行检验或见证取样方式进行抽检。对未经监理人员验收或验收不合格的工程材料、构配件、设备,监理人员应拒绝签认,并应签发监理工程师通知单,要求承包单位限期将不合格的工程材料、构配件、设备撤出现场。

(7)监控计量器具

项目监理机构应定期检查承包单位的直接影响工程质量的计量设备的技术状况。计量设备是指施工中使用的衡器、量具、计量装置等设备。

（8）加强质量的过程控制

监理人员应经常地、有目的地对承包单位的施工过程进行巡视检查、检测,对施工过程中出现的较大质量问题或质量隐患,宜采用照相、摄影等手段予以记录。对关键部位、关键工序的施工过程还应进行旁站并填写旁站记录。

（9）注重隐蔽过程验收

隐蔽工程是指将被其后续施工项目所隐蔽（覆盖）的分项、分部工程,在隐蔽前所进行的检查验收是对此类已完分项、分部工程质量的最后一道检查,检查对象一旦被覆盖,给以后的检查整改造成障碍,故显得尤为重要,它是质量控制的一个关键过程。

（10）按规范要求进行分项、分部工程及单位工程的验收

专业监理工程师应根据施工单位报验的检验批、隐蔽工程、分项工程进行验收,提出验收意见。总监理工程师应组织监理人员对施工单位报验的分部工程进行验收,签署验收意见。

对验收不合格的检验批、隐蔽工程、分项工程和分部工程,项目监理机构应拒绝签认,并严禁施工单位进行下一道工序施工。

（11）严肃处理质量问题

工程项目建设是一个通过各方面协作的、复杂的生产过程。因此,出现质量问题,一般是很难完全避免的。通过监理工程师的质量控制系统和施工单位的质量保证活动,通常可对质量问题的产生起到防范作用或控制事故后果的进一步恶化,把损失减少到最低程度。

项目监理机构发现施工存在质量问题的,应及时签发监理通知,要求施工单位整改。整改完毕后,项目监理机构应根据施工单位报送的监理通知回复单对整改情况进行复查,提出复查意见。

项目监理机构发现下列情形之一的,总监理工程师应及时签发工程暂停令,要求施工单位停工整改。

① 施工单位未经批准擅自施工的。

② 施工单位未按审查通过的工程设计文件施工的。

③ 施工单位未按批准的施工组织设计施工或违反工程建设强制性标准的。

④ 施工存在重大质量事故隐患或发生质量事故的。

项目监理机构应对施工单位的整改过程、结果进行检查、验收,符合要求的,总监理工程师应及时签发复工令。

对需要返工处理或加固补强的质量事故,项目监理机构应要求施工单位报送质量事故调查报告和经设计等相关单位认可的处理方案,并对质量事故的处理过程进行跟踪检查,对处理结果进行验收。项目监理机构应及时向建设单位提交质量事故书面报告,并应将完整的质量事故处理记录整理归档。

2. 质量控制的依据

（1）合同条件

各项工程质量的保障责任、处理程序、费用支付等均应符合合同条件的规定。

（2）合同图纸

全部工程应与合同图纸符合,并符合经设计人认可的变更与修改要求。

（3）技术规范

所有用于工程的材料、设施、设备与施工工艺,应符合强制性国家标准和行业标准的要求,以及施工合同文件或设计文件所约定的推荐性标准的技术要求。

（4）质量标准

所有工程质量均应符合国家或行业质量验收标准的要求。

3. 质量控制的基本程序

在开工以前,监理机构应向承包人提出适用于对所有工程项目进行质量控制的程序及说明,以供所有监理人员、承包人的自检人员和施工人员共同遵循,使质量控制工作程序化。施工阶段质量控制程序如图 6-2 所示。质量控制一般应按以下程序进行。

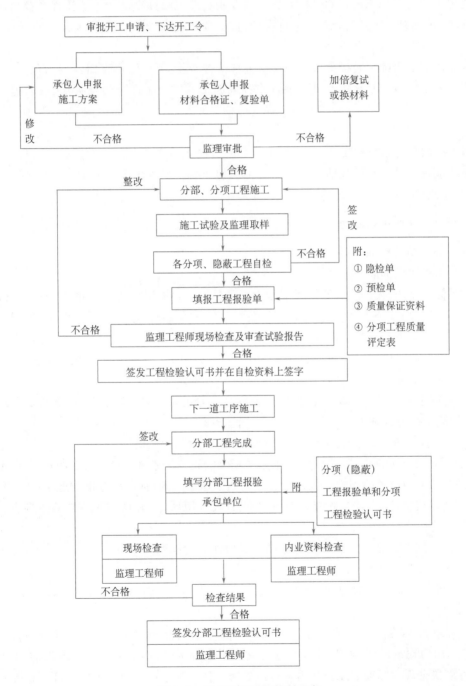

图 6-2 施工阶段质量控制程序

（1）开工报告

在各单位工程、分部工程或分项工程开工之前,总监理工程师应要求承包人提交工程开工报告并进行审批。工程开工报告应提出工程实施计划和施工方案;依据技术规范列明本项工程的质量控制指标及检验频率和方法;说明材料、设备、劳动力及现场管理人员等项的准备情况;提供放样测量、标准试验、施工图等必要的基础资料。

（2）工序自检报告

监理机构应要求承包人的自检人员按照专业监理工程师批准的工艺流程和提出的工序检查程序,在每道工序完工后首先进行自检,自检合格后,申报专业监理工程师进行检查。

（3）工序检查认可

专业监理工程师应紧接承包人的自检进行检查验收并签认,必要时参与承包人的自检,对不合格的工序应指示承包人进行缺陷修补或返工。前道工序未经检查认可,后道工序不得进行。

（4）分项、分部工程验收

当工程的分部或分项工程完工后,承包人的自检人员应再进行一次系统的自检,汇总各道工序的检查记录及测量和抽样试验的结果后提出相应的"报审/验申请表"。自检资料不全的,专业监理工程师应拒绝验收。

6.3.2　施工质量监理控制要点

1. 确认合同适用的标准、规范

（1）工程建设标准

按照标准化法,我国工程建设标准分为国家标准、行业标准、地方标准和企业标准四级。由于我国地域辽阔,各地地理、气象等环境条件不一样,为了适应各地区的特殊情况,不少省、自治区、直辖市都发布了地方标准,施工必须遵从所在地的地方标准,不能错误地认为地方标准的级别低于国家标准而不予实施,实施范围愈小的标准,技术要求的水平愈高。

我国的技术标准分为强制性标准和推荐性标准两类。

① 强制性标准　凡保障人体健康,人身财产安全的标准和法律、行政法规规定强制执行的标准均属于强制性标准。

② 推荐性标准　强制性标准以外的标准,均属于推荐性标准。

我国实行的是强制性标准与推荐性标准相结合的标准体制。其中,强制性标准具有法律属性,在规定的适用范围内必须执行,否则,属于违法行为;推荐性标准(包括工法、标准图集)具有技术权威性,经过合同或行政性文件确认采用后,在确认的范围内也必须执行,否则,属于违约行为。

（2）选用标准、规范（程）以及标准图集时应注意的问题

① 必须选用有效版本。

② 当几本现行标准对同一问题均有要求,但要求不一致时,通常由设计单位的总工程师决定处理意见。

③ 对标准、规范（程）的条文不理解或有异议时,通常由标准的主编单位负责解释。

④ 当国内现行标准、规范（程）不适用或无明确规定时,可以借鉴国际或发达国家的标准;也可以根据现行标准的原则和精神提出处理方法。但应由政府有关主管部门批准。

⑤ 当发包人提出执行国际或其他国家的标准时,要在合同中注明并报有关主管部门批准。

⑥ 严格意义上讲,标准图集属推荐性标准。因此,设计单位可以选用,也可以不选用或部分选用,施工中必须遵从设计单位的设计要求,对认为设计与标准图集有出入的情况,可以在图纸会审中提出质疑,不得抛开设计,擅自选用标准图施工。

"5.12"地震后,随着《建筑抗震设计规范》(GB 50011—2010,2016 年版)的修订与换版,近年来,《混凝土结构设计规范》(GB 50010—2010,2015 年版)、《砌体结构设计规范》(GB 50003—2011)、《高层建筑混凝土结构技术规程》(JGJ 3—2010)、《砌体结构工程施工质量验收规范》(GB 50203—2011)等一大批基础性标准规范也进行了修订或换版,建筑钢材的强度级别也已更新,随之,一批标准图集也已更新或换版,监理人员必须不断学习新的标准规范,防止使用已经作废的技术标准指导质量监控。

2. 把好图纸质量关

建设工程施工应当按照图纸进行,图纸是指由发包人提供或者由承包人提供,经监理工程师批准、满足承包人施工需要的所有图纸(包括配套说明和有关资料)。按时、按质、按量提供施工所需图纸,是保证工程施工质量的重要方面。

(1)发包人提供图纸

在我国目前的建设工程管理体制中,施工中所需图纸主要由发包人提供(发包人通过设计合同委托设计单位设计)。在对图纸的管理中,发包人应当按照专用条款约定的日期和套数,向承包人提供图纸。承包人如果需要增加图纸套数,发包人应当代为复制。发包人代为复制意味着发包人应当为图纸的正确性负责,如果对图纸有保密要求的,应当承担保密措施费用。

对于发包人提供的图纸,承包人应当完成的工作是:在施工现场保留一套完整图纸,供监理人及其有关人员进行工程检查时使用;如果专用条款对图纸提出保密要求,承包人应当在约定的保密期限内承担保密义务。

监理人员在对图纸进行管理时,重点是控制合同约定,按时向承包人提供图纸,同时,根据图纸检查承包人的工程施工。

(2)承包人提供图纸

某些工程,施工图纸的设计或者与工程配套的设计有可能由承包人完成。如果合同中有这样的约定,则承包人应当在其设计资质允许的范围内,按监理方的要求完成这些设计,经总监理工程师确认后使用,发生的费用由发包人承担。在这种情况下,监理工程师对图纸的管理重点是审查承包人的设计。

3. 控制原材料、半成品及设备的质量

(1)发包人供应材料设备时的质量控制

① 发包人供应材料设备的一览表　对于由发包人供应的材料设备,应当约定发包人供应材料设备的一览表。一览表的内容应当包括材料设备种类、规格、型号、数量、单价、质量等级、提供的时间和地点。发包人按照一览表的约定提供材料设备。

② 发包人供应材料设备的验收　发包人应当向承包人提供其供应材料设备的产品合格说明,并对这些材料设备的质量负责。发包人应在其所供应的材料设备到货前 24 h 内,以书面形式通知监理人和承包人,与发包人共同清点。

③ 发包人供应材料设备使用前的检验或试验 发包人供应的材料设备进入施工现场后需要在使用前检验或者试验的,由承包人负责,费用由发包人承担。即使在承包人检验通过之后,如果又发现材料设备有质量问题的,发包人仍应承担重新采购及拆除重建的费用,并相应顺延由此延误的工期。

④ 材料设备验收后的保管 发包人供应的材料设备经共同验收后由承包人妥善保管,发包人支付相应的保管费用。因承包人的原因发生损坏、丢失,由承包人负责赔偿。发包人不按规定通知承包人验收,发生的损坏、丢失由发包人负责。

⑤ 发包人供应材料设备与约定不符时的处理 发包人供应的材料设备与约定不符时,应当由发包人承担有关责任,具体按照下列情况进行处理:

a. 材料设备种类、规格、型号、数量、质量等级与合同约定不符时,承包人可以拒绝接收保管,由发包人运出施工场地并重新采购。设备到货时如不能开箱检验,可只验收箱子数量。承包人开箱时须请发包人到场,出现缺件或者质量等级、规格与合同约定不符的情况时,由发包人负责补足缺件或者重新采购。

b. 发包人供应材料的规格、型号与合同约定不符,承包人可以代为调剂串换,发包人承担相应的费用。

（2）承包人采购材料设备的质量控制

对于合同约定由承包人采购的材料设备,应当由承包人选择生产厂家或者供应商,发包人不得指定生产厂家或者供应商,但可以对生产厂家范围做出要求。

① 承包人采购材料设备的验收 承包人根据约定及设计和有关标准采购工程需要的材料设备,并提供产品合格证明。承包人在材料设备到货前24 h通知监理工程师验收。这是监理工程师的一项重要职责,监理工程师应当严格按照合同约定及有关标准进行验收。

② 承包人采购的材料设备与要求不符时的处理 承包人采购的材料设备与设计或者标准要求不符时,监理工程师可以拒绝验收,由承包人按照监理工程师要求的时间运出施工场地,重新采购符合要求的产品,并承担由此发生的费用,由此延误的工期不予顺延。

监理工程师发现材料设备不符合设计或标准要求时,应要求承包人负责修复、拆除或者重新采购,并由承包人承担发生的费用,由此造成的工期延误不予顺延。

③ 承包人使用代用材料 承包人需要使用代用材料时,须经监理工程师认可方可使用,由此增减的合同价款由双方以书面形式议定。

④ 承包人采购材料设备在使用前检验或试验 承包人采购的材料设备在使用前,承包人应按监理工程师的要求进行检验或试验,不合格的不得使用,检验或试验费用由承包人承担。

4. 严格控制工序质量

工程项目的质量是在施工过程中创造的,而不是靠最后检验出来的。为了把工程产品的质量从事后检查把关,转向事前控制,达到"以预防为主"的目的,必须加强对施工过程中的质量控制。

施工过程中质量控制的主要工作是:以工序质量控制为核心,设立质量控制点,严格质量检查,加强成品保护。

（1）工序质量控制的内容

工序质量控制包含两个方面,即工序活动条件的质量和工序活动效果的质量。工序活动条件的质量,是指投入工序的资源的质量是否符合要求;工序活动效果的质量,是指每道工序施工完成的工程产品是否达到有关质量标准。

工序质量控制的内容如下。

① 确定工序质量控制的流程。

② 主动控制工序活动条件。

③ 严格控制关键操作工序。

④ 注意施工顺序是否正确。

⑤ 按标准检测相关技术参数。

⑥ 质量通病的防控措施。

（2）工序质量控制的步骤

工序质量控制的做法是通过对工序一部分(子样)的检验,来统计、分析和判断整道工序的质量,进而实现对工序质量的控制,其控制步骤一般如下。

① 实测 采用必要的检测工具或手段,对抽出的工序子样进行质量检验。

② 分析 对检验所得的数据进行分析,发现这些数据所遵循的规律。

③ 判断 根据分析的数据,对整个工序的质量水平进行判断,从而确定该道工序是否达到质量标准。

（3）工序质量的检查检验

承包人应认真按照标准、规范和设计要求以及监理依据合同发出的指令施工,随时接受监理的检查检验,为检查检验提供便利条件。工程质量达不到约定标准的部分,监理工程师一经发现,承包人承担返工费用,工期不予顺延。

5. 注重隐蔽工程检查和验收

对隐蔽工程的隐蔽过程、下道工序施工完成后难以检查的重点部位,专业监理工程师应安排监理员进行旁站。

工程隐蔽部位经承包人自检确认具备覆盖条件的,承包人应在共同检查前 48 h 书面通知监理人检查,通知中应载明隐蔽检查的内容、时间和地点,并应附有自检记录和必要的检查资料。监理人应按时到场并对隐蔽工程及其施工工艺、材料和工程设备进行检查。经监理人检查确认质量符合隐蔽要求,并在验收记录上签字后,承包人才能进行覆盖。经监理人检查质量不合格的,承包人应在监理人指示的时间内完成修复,并由监理人重新检查,由此增加的费用和(或)延误的工期由承包人承担。

6. 必要时进行重新检验

监理人不能按时进行检查的,应在检查前 24 h 向承包人提交书面延期要求,但延期不能超过 48 h,由此导致工期延误的,工期应予以顺延。监理人未按时进行检查,也未提出延期要求的,视为隐蔽工程检查合格,承包人可自行完成覆盖工作,并作相应记录报送监理人,监理人应签字确认。

无论监理工程师是否参加验收,当其提出对已经隐蔽的工程重新检验的要求时,承包人应按要求进行剥露或开孔,并在检验后重新覆盖或者修复。检验合格,发包人承担由此发生的全部追加合同价款,赔偿承包人损失,并相应顺延工期;检验不合格,承包人承担发生的全部费用,工期予以顺延。

7. 竣工验收

竣工验收,是全面考核建设工作,检查是否符合设计要求和工程质量的重要环节。竣工交付使用的工程必须符合下列基本要求:

① 完成工程设计和合同中规定的各项工作内容,达到国家规定的竣工条件。

② 工程质量应符合国家现行有关法律、法规、技术标准、设计文件及合同规定的要求,并经质量监督机构核定为合格。

③ 工程所用的设备和主要建筑材料、构件应具有产品质量出厂检验合格证明和技术标准规定必要的进场试验报告。

④ 具有完整的工程技术档案和竣工图,已办理工程竣工交付使用的有关手续。

⑤ 已签署工程保修证书。

建设工程未经验收或验收不合格,不得交付使用。发包人强行使用的,由此发生的质量问题及其他问题,由发包人承担责任。但在这种情况下发包人主要是对强行使用直接产生的质量问题及其他问题承担责任,不能免除承包人对工程的保修等责任。

8. 住宅工程质量分户验收

住宅工程涉及千家万户,住宅工程质量的好坏直接关系到广大人民群众的切身利益。以前,在住宅工程竣工验收时,只对单位工程的地基基础、主体结构、使用功能等进行验收,验收以整栋楼为单位,其检验方法也是抽取一定比例房间检验。竣工验收的组织者——建设方(开发商)并不是住宅的最终所有者和使用者,而最终的业主最看重的就是户内的功能和质量,例如:裂缝、渗水、面积缩水等问题,大多数住宅质量投诉往往在户内。为此,住房和城乡建设部 2009 年 12 月发出了《关于做好住宅工程质量分户验收工作的通知》(建质[2009]291 号),对分户验收的内容、依据,验收程序和组织都提出了明确规定。监理机构要承担相应的责任。

住宅工程质量分户验收,是指建设单位组织施工、监理等单位,在住宅工程各检验批、分项、分部工程验收合格的基础上,在住宅工程竣工验收前,依据国家有关工程质量验收标准,对每户住宅及相关公共部位的观感质量和使用功能等进行检查验收,并出具验收合格证明的活动。

(1) 分户验收程序

分户验收应当按照以下程序进行:

① 根据分户验收的内容和住宅工程的具体情况确定检查部位、数量。

② 按照国家现行有关标准规定的方法,以及分户验收的内容适时进行检查。

③ 每户住宅和规定的公共部位验收完毕,应填写《住宅工程质量分户验收表》,建设单位和施工单位项目负责人、监理单位项目总监理工程师分别签字。

④ 分户验收合格后,建设单位必须按户出具《住宅工程质量分户验收表》,并作为《住宅质量保证书》的附件,一同交给住户。

分户验收不合格,不能进行住宅工程整体竣工验收。同时,住宅工程整体竣工验收前,施工单位应制作工程标牌,将工程名称、竣工日期和建设、勘察、设计、施工、监理单位全称镶嵌在该建筑工程外墙的显著部位。

(2) 分户验收的组织实施

分户验收由施工单位提出申请,建设单位组织实施,施工单位项目负责人、监理单位项目总监理工程师及相关质量、技术人员参加,对所涉及的部位、数量按分户验收内容进行检查验收。已经预选物业公司的项目,物业公司应当派人参加分户验收。

建设、施工、监理等单位应严格履行分户验收职责,对分户验收的结论进行签认,不得简化分户验收程序。对于经检查不符合要求的,施工单位应及时进行返修,监理单位负责复查。返修完成后重新组织分户验收。

工程质量监督机构要加强对分户验收工作的监督检查,发现问题及时监督有关方面认真整改,确保分户验收工作质量。对在分户验收中弄虚作假、降低标准或将不合格工程按合格工程验收的,依法对有关单位和责任人进行处罚,并纳入不良行为记录。

6.3.3   施工质量控制方法

目前的施工监理,通常采用旁站、测量、试验,严格执行监理程序、指令性文件,召开工地例会、专题会议,进行计算机辅助管理,签发监理通知、监理备忘录等手段对工程质量进行全面管理。

1. 旁站

旁站是指监理人员对施工中的关键部位、关键工序的施工质量实施全过程现场跟班的监督活动。

(1)旁站监理方案

在编制监理规划时,应当制定旁站监理方案,明确旁站监理的范围、内容、程序和旁站监理人员职责等。旁站监理方案应送建设单位和承包单位各一份。

(2)旁站监理的实施

承包人根据监理单位制定的旁站监理方案,在需要实施旁站监理的关键部位、关键工序施工前的24 h书面通知项目监理机构,项目监理机构应当安排旁站监理人员按照旁站监理方案实施旁站监理。旁站监理人员应当认真履行职责,对需要实施旁站监理的关键部位、关键工序在施工现场跟班监督,及时发现和处理旁站监理过程中出现的质量问题,如实准确地做好旁站监理记录。

旁站监理人员实施旁站监理时,发现承包人有违反工程建设强制性标准行为的,有权责令承包人立即改正;发现其施工活动已经或者可能危及工程质量的,应及时向监理工程师或总监理工程师报告,由总监理工程师下达局部暂停施工指令或者采取其他应急措施。

(3)旁站监理记录

旁站监理记录是监理工程师或总监理工程师行使有关签字权的重要依据。对于需要旁站监理的关键部位、关键工序施工,凡没有实施旁站监理或没有旁站监理记录的,监理工程师或总监理工程师不得在相应文件上签字。凡旁站监理人员和承包单位现场质检人员未在旁站监理记录上签字的,不得进行下一道工序施工。在工程竣工验收后,监理单位应当将旁站监理记录存档备查。

(4)旁站监理费用

对于按照《房屋建筑工程施工旁站监理管理办法(试行)》规定的关键部位、关键工序实施旁站监理的,建设单位应当严格按照国家规定的监理取费标准执行;对于超出上述办法规定的范围,建设单位要求监理单位实施旁站监理的,建设单位应当另行支付监理费用;具体费用标准由建设单位与监理单位在合同中约定。

（5）旁站监理责任

建设行政主管部门应加强对旁站监理的监督检查,对于不按规定实施旁站监理的监理单位和有关监理人员要进行通报,责令整改,并作为不良记录载入该企业和有关人员的信用档案;情节严重的,在资质年检时定为不合格,并按照下一个资质等级重新核定其资质等级;对于不按照规定实施旁站监理而发生工程质量事故的,除依法对有关责任单位进行处罚外,还要依法追究监理单位和有关监理人员的相应责任。

（6）旁站监理人员的主要职责

① 检查施工单位现场质检人员到岗、特殊工种人员持证上岗以及施工机械、建筑材料准备情况。

② 在现场跟班监督关键部位、关键工序的施工过程中执行施工方案以及工程建设强制性标准的情况。

③ 核查进场建筑材料、建筑构配件、设备和商品混凝土的质量检验报告等,并可在现场监督承包单位进行检验或者委托具有资格的第三方进行复验。

④ 做好旁站监理记录和监理日记,保存旁站监理原始材料。

2. 见证

见证是由监理人员现场监督某工序全过程完成情况的活动。如,对承包人在现场进行的原材料取样、试件制作以及送达专门检测机构进行试验检测的过程进行见证,又称为见证取样。见证取样的基本要求如下:

① 承包人取样人员在现场进行原材料取样和试块制作时,见证人员必须现场监督见证。

② 见证人员应对试样进行监护,并和承包人取样人员一起将试样送至监测单位或采取有效的封样措施后送样。

③ 检测单位在接受委托任务时,须由送检单位填写委托单,见证人应在检验委托单上签名。

④ 检测单位应在检测报告单备注栏中注明见证单位和见证人姓名,发生异样情况时,首先要通知见证单位。

3. 巡视

巡视是指监理人员对正在施工的部位或工序在现场进行的定期或不定期的监督活动。巡视与旁站不同,一是针对的不一定是关键部位或关键工序,二是时间随机,并且不必事前通知施工单位。巡视检查内容主要有:

① 是否按照设计文件、施工规范和批准的施工方案施工。

② 是否使用合格的材料、构配件和设备。

③ 施工现场管理人员,尤其是质检人员是否到岗到位。

④ 施工操作人员的技术水平、操作条件是否满足工艺操作要求,特种作业人员是否持证上岗。

⑤ 施工环境是否对工程质量产生不利影响。

⑥ 已施工部位是否存在质量缺陷。

4. 平行检验

项目监理机构利用一定的检查或检测手段,在承包单位自检的基础上,按照一定的比例独立进行检查或检测的活动,叫作平行检验。其具体检验方法有以下三类。

（1）目测法

目测法检查的手段可归纳为看、摸、敲、照四个字。

① 看　根据质量标准进行外观目测。

② 摸　用手感检查，主要适用于装饰工程的某些检查项目。

③ 敲　运用工具进行音感检查，如对地面工程、装饰工程中的面砖镶贴等。

④ 照　对于难以看到或光线较暗的部位，采用镜子反射或灯光照射的方法检查。

（2）实测法

实测法就是通过实测数据与施工规范及质量标准所规定的允许偏差对照来判别质量是否合格，实测检直法的手段也可以归纳为靠、吊、量、套四个字。

① 靠　用靠尺对地面、墙面等的平整度进行检查的方法。

② 吊　用托线板以及线锤吊线检查垂直度的方法。

③ 量　用测量工具和计量仪表检测断面尺寸、轴线、标高、湿度和温度等。

④ 套　用量规、方尺等检测工具检验被测工程部位的尺寸，如对阴阳角的方正等。

（3）试验检验

试验检验是指必须通过试验手段才能对质量进行判断的检查方法，如对桩或地基的静荷载试验确定其承载力；对钢筋对焊接头进行拉力试验，以检查焊接的质量等。

5. 工地监理例会

工地监理例会是指由总监理工程师或其授权的专业监理工程师主持的，在工程实施过程中针对工程质量、造价、进度、合同管理等事宜定期召开的、由有关单位参加的会议。总监理工程师定期主持召开的施工现场工地例会，是履约各方沟通情况、交流信息、协调处理、研究解决合同履行中存在的各方面问题的主要协调方式。例会上意见不一致的重大问题，应将各方的主要观点，特别是相互对立的意见记入"其他事项"中。

工地例会主要内容如下。

① 检查上次例会议定事项的落实情况，分析未完事项原因。

② 检查分析工程项目进度计划完成情况，提出下一阶段进度目标及其落实措施。

③ 检查分析工程项目质量状况，针对存在的质量问题提出改进措施。

④ 检查工程量核定及工程款支付情况。

⑤ 解决需要协调的有关事项。

⑥ 其他有关事宜。

工地例会由项目监理机构专人负责记录并整理形成会议纪要，内容应准确、简明扼要，经总监理工程师审阅，与会各方代表会签，发至合同有关各方，并应有签收手续。

6. 专题会议

专题会议是为解决施工过程中的专门问题而召开的会议。工程项目各主要参建单位均可向项目监理机构书面提出召开专题工地会议的动议，由总监理工程师或被授权的监理工程师根据需要及时组织召开。

专题工地会议动议内容包括：主要议题，与会单位人员，召开时间。

专题工地会议纪要的形成过程与工地监理例会相同。

6.3.4　施工质量控制中监理员的工作

在施工质量控制过程中，监理员工作在一线，直接掌握施工质量状况，收集相关数据信息,其工作对质量控制起着重要作用。

1. 监理员现场工作的物品装备

　　① 安全帽。

　　② 防雨具。

　　③ 适合在施工现场工作的合适衣着。

　　④ 肩背包(在现场工作用的小器具都应装其内)。

　　⑤ 各专业共用的工具,如书写笔、记事本、5 m 钢卷尺、10~30 m 钢卷盘尺、铅笔、手电筒等。

　　⑥ 不同专业所用的工具,如土建专业用的放大镜、游标卡尺、检查锤、锤球、检查小尺、铁钉、刷子等。

　　⑦ 专用仪器、器具,在需用时借用,如万用表、2 m 标准靠尺、回弹仪等;监督、检查、抽查需要较大器具时,在项目监理部或监理公司本部调用,如水压机、水平仪、经纬仪等。

　　⑧ 使用计量器具时应注意:

　　a. 所使用的计量器具应符合《中华人民共和国计量法》规定,有检验合格证及标定证书。

　　b. 有规定时,必须由持证人员操作。

　　c. 正确使用、爱护使用。

2. 项目监理员现场工作方式、作风和方法

　　(1) 项目监理员现场工作方式

　　巡视、旁站、见证是监理员的主要工作方式,每天都应对自己负责的专业施工作业面巡视至少一遍,既注意全面又要侧重工序质量控制重点,希望不出现问题但又力求发现问题。

　　(2) 监理员现场工作作风

　　① "三老"——做老实事、讲老实话、当老实人。要以严密的科学态度对待自己的工作,坚持实事求是的原则,在监理活动中,不应当出现"差不多""大概""将就""可能""也许"等不负责的模棱两可的语言及相应的做法。

　　② "四坚持"——坚持原则、坚持工作时间在施工现场、坚持工作时间的 2/3 以上在施工作业面、坚持当天的工作当天完成。

　　(3) 监理员现场工作方法

　　监理员在现场的具体工作方法除了前面提到的看、摸、敲、照,靠、吊、量、套,见证巡视,试验检验之外,还要注意以下几点。

　　① 到　坚持到自己负责的施工作业面,特别是工序质量控制点施工时,一定要到场。

　　② 看　全面而又有重点地观看施工现场和质量控制部位,如看焊缝、钢筋接头等是否符合图纸和质量要求。

　　③ 听　听设计人员和施工人员以及与工程建设有关的人员的各种意见,有利于改进工作,提高业务水平。

　　④ 问　不懂的东西,情况不明的东西,想要了解的东西,都需要通过"问"才能得到。

　　⑤ 查　根据有关规定或情况需要,重点检查或抽查一些重要施工部位或工序。

　　⑥ 跟　跟踪监督。特别是对重要质量控制点的人、材料、施工方法等,要自始至终跟踪监督,使其在受控状态下进行,直到验收合格。

　　⑦ 想　对自己所承担的工作,要常常想一想存在什么问题?怎样解决?经常提"为什么"?

　　(4) 坚持文明工作,遵守安全纪律

监理员直接在施工现场从事最具体的监理工作,具有一定的职业危险性,由于大多数监理员都比较年轻,精力充沛、好学上进,对施工现场情况不很熟悉,正确处理现场事故,特别是突发事故的经验不足,因此,在注重施工现场的安全监查,使施工现场始终处于"文明施工、安全施工"状态的同时,应率先遵守安全纪律,文明工作、安全工作,做到"三不伤害"(不伤害自己、不伤害他人、不被他人伤害)。监理员在施工现场的文明工作、安全工作纪律一般要求是:

　　① 模范遵守施工现场的文明施工和安全施工规定,进入施工现场,必须正确佩戴安全帽,穿鞋和衣着必须适合现场工作环境。

　　② 严格按"文明施工、安全施工"有关规定监督施工单位,发现问题及时要求对方纠正并向专业监理工程师汇报。

　　③ 在较危险处执行质量检查工作时,应有相应的安全措施,必要时,应有监护人员在场时才能进行。

　　④ 言行举止得体,礼貌待人,做事有理、有据、有序,不在工作现场打闹、嬉笑。

　　⑤ 自己所携带的工作用具应妥善装在背包里,不乱丢、乱放和上下抛掷。

　　⑥ 不乱动施工现场的设备、设施、器材和成品。

　　⑦ 不带引与监理工作无关的人员进入施工现场。

　　(5) 坚持记好监理日志

　　每天将工程有关质量、进度、安全等动态和影响因素的情况,以及自己当日所从事的监理工作内容记录下来,形成监理日志,是项目监理员的职责之一,作为监理工作原始档案资料,既使得"三控三管一协调"的监理过程可以追根溯源,也是监理人员规避风险的措施之一。因此,监理日志应"实、准、简",即如实记载,涉及的因素准确,简要而说明问题,叙述有逻辑性、层次分明,字迹工整,必要时可用图表标示,决不应敷衍潦草。监理员的监理日志一般应包括:

　　① 时间(年、月、日、星期)和气候状况(分上下午及最低、最高温度)。

　　② 本人一天的监理活动简况,特别是从事重要的见证、旁站监理活动的详况。

　　③ 对涉及设计、施工单位,以及需要返工、改正的事项的详细记录。

　　④ 质量事故的详细记录,包括其发生(现)、处理大过程和最后的处理结果。

　　⑤ 施工安全方面发生事故的详细记录。

　　⑥ 影响工程进度的内部、外部、人为、机械设备以及自然环境等各种因素。暴雨、大风、大雪、地震、现场停水停电、政府指令停工、社会治安引起的停工等应注明起止时间(小时、分钟)。

　　⑦ 参加有关工程会议的情况。

　　⑧ 向专业监理工程师及以上领导汇报的重大问题和他们的处理意见,以及自己的执行情况。

　　⑨ 对较重要的工作,与施工单位有关人员进行口头联系的情况。

　　⑩ 接受专业监理工程师及以上领导布置的较重要工作的执行情况等。

6.3.5　工程质量事故处理

1. 工程质量事故分级

　　工程质量事故,是指由于建设、勘察、设计、施工、监理等单位违反工程质量有关法律法规和工程建设标准,使工程产生结构安全、重要使用功能等方面的质量缺陷,造成人身伤亡或者重大经济损失的事故。根据《关于做好房屋建筑和市政基础设施工程质量事故报告和调查处理工作的通知》(建质[2010]111 号)的规定,工程质量事故分为 4 个等级。

① 特别重大事故,是指造成 30 人以上死亡,或者 100 人以上重伤,或者 1 亿元以上直接经济损失的事故。

② 重大事故,是指造成 10 人以上 30 人以下死亡,或者 50 人以上 100 人以下重伤,或者 5 000 万元以上 1 亿元以下直接经济损失的事故。

③ 较大事故,是指造成 3 人以上 10 人以下死亡,或者 10 人以上 50 人以下重伤,或者 1 000万元以上 5 000 万元以下直接经济损失的事故。

④ 一般事故,是指造成 3 人以下死亡,或者 10 人以下重伤,或者 100 万元以上 1 000 万元以下直接经济损失的事故。

上述等级划分中所称的"以上"包括本数,所称的"以下"不包括本数。

2. 工程质量事故的处理

工程建设重大事故由事故发生地的市、县级以上建设行政主管部门或国务院有关主管部门组织成立调查组负责事故的调查,特别重大事故由国务院有关主管部门组织成立调查组负责事故的调查。作为工程建设现场的监理工程师,在事故发生时或发生后,有及时下达工程暂停令,并接受调查的责任和义务。

3. 质量问题

显然,未造成人身伤亡或其经济损失未达或前述工程质量事故等级范围的则属质量问题,或称质量缺陷。对质量问题,监理工程师应当按下述原则处理:

① 对施工过程中出现的质量缺陷,专业监理工程师应及时下达监理工程师通知,要求承包单位整改,并检查整改结果。

② 监理人员发现施工存在重大质量隐患,可能造成质量事故或已经造成质量事故,应通过总监理工程师及时下达工程暂停令,要求承包单位停工整改。整改完毕并经监理人员复查,符合规定要求后,总监理工程师应及时签署工程复工报审表。总监理工程师下达工程暂停令和签署工程复工报审表,事先应向建设单位报告。

③ 对施工中出现的一般质量问题,具体的处理方法有以下三种。

a. 责令返工　对于严重未达到规范或标准的质量问题,影响到工程正常使用的安全,且又无法通过修补的方法予以纠正时,必须采取返工的措施。

b. 进行修补　这种处理方法适用于通过修补可以不影响工程的外观和正常使用的质量问题。它是利用修补的方法予以补救。

c. 不做处理　某些质量问题虽超出了有关规范规定,但针对具体情况通过分析可不做专门处理,如,不影响结构的安全或使用要求及生产工艺的质量问题;通过后续工程可以弥补的轻微的质量缺陷;经复核验算后,仍能满足设计要求,也可不做处理,但这是挖掘设计潜力,需要特别慎重。

4. 质量事故处理结果的跟踪检查和验收

对需要返工处理或加固补强的质量问题或事故,总监理工程师应责令承包单位报送质量事故调查报告和经设计单位等相关单位认可的处理方案,项目监理机构应对质量事故的处理过程和处理结果进行跟踪检查和验收。

总监理工程师应及时向建设单位及本监理单位提交有关质量事故的书面报告,并应将完整的质量事故处理记录整理归档。

5. 质量事故经济责任

对因工程质量问题造成的经济损失,应坚持谁承担事故责任谁负担的原则。若是施工单位责任,一切经济损失应由施工单位负责;若事故的责任并非施工单位所负,一切经济损失不仅不能由施工单位承担,而且施工单位还有向他方提出索赔的权利。

6.4 施工阶段的投资控制

投资控制是指在整个项目施工阶段开展管理活动,力求使项目在满足质量和进度要求的前提下,实现项目实际投资不超过计划投资。

施工阶段的投资控制

6.4.1 施工阶段投资控制监理工作内容

1. 施工阶段投资控制工作流程

施工阶段投资控制程序如图 6-3 所示。

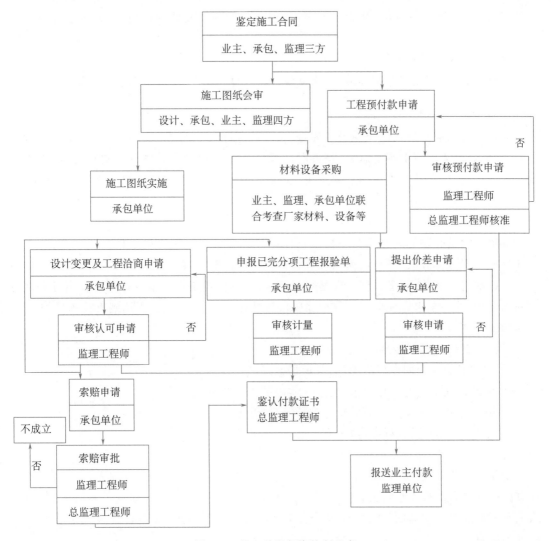

图 6-3 施工阶段投资控制程序

2. 施工阶段工程投资控制任务

（1）控制工程计量和工程款支付

对实际完成的分部分项工程量进行计量和审核，对承建单位提交的工程进度付款申请进行审核，并签发付款证明以控制合同价款。

（2）严格控制工程变更

按合同规定的控制程序和计量方法，确定工程变更价款，及时分析工程变更对控制投资的影响。

（3）进行投资控制跟踪

通过审核施工图预算、进度付款及最终核定项目的实际投资，对项目的投资进行控制。

（4）反馈投资控制情况

编制施工阶段详细的费用支出计划，定期向总监理工程师、发包人提供投资控制情况。

（5）进行造价风险分析及索赔防范

风险分析主要是找出工程造价最易被突破的部分，以及最易发生费用索赔的原因和部位，从而制定出防范性对策，并及时收集、整理有关的施工和监理资料，为处理费用索赔提供证据。

（6）审核竣工决算

此外，投资控制还应对工程进度、质量检查、材料检验进行必要的监督和控制。

6.4.2　投资控制监理工作要点

监理工程师应对项目的土建及各专业（水、电、消防、空调等）、各分部工程建立工程量库、单价库及有关取费费率汇总表，按各时间段动态跟踪控制。如各种材料单价、取费费率的政策性更改、随设计变更后的工程量更改、最终工程量等，建立各阶段动态单价、费率、工程量库后，对结算审核十分有效。

1. 审核图纸工程量

审核工程量必须先熟悉施工图纸和工程量计算规则。监理人员审核工程量时，应按图详细计算全部分部分项工程量，列出计算公式，标出轴线号，必要时绘制计算简图。工程量计算要详细列出清单，便于复核。根据实践经验，只有监理工程师亲自详细计算出各分部分项的工程量，并与承包人提出的工程量逐项核对准确无误后，才能真正达到审核的目的。

2. 审核工程变更

工程变更包括以下内容。

① 增加或减少合同中任何工作，或追加额外的工作。

② 取消合同中任何工作，但转由他人实施的工作除外。

③ 改变合同中任何工作的质量标准或其他特性。

④ 改变工程的基线、标高、位置和尺寸。

⑤ 改变工程的时间安排或实施顺序。

发包人和监理人均可以提出变更。变更指示均通过监理人发出，监理人发出变更指示前应征得发包人同意。承包人收到经发包人签认的变更指示后，方可实施变更。未经许可，承包人不得擅自对工程的任何部分进行变更。涉及设计变更的，应由设计人提供变更后的图纸和说明。

发包人提出变更的,应通过监理人向承包人发出变更指示,变更指示应说明计划变更的工程范围和变更的内容。监理人提出变更建议的,需要向发包人以书面形式提出变更计划,说明计划变更工程范围和变更的内容、理由,以及实施该变更对合同价格和工期的影响。发包人同意变更的,由监理人向承包人发出变更指示。发包人不同意变更的,监理人无权擅自发出变更指示。

承包人应在收到变更指示后 14 d 内,向监理人提交变更估价申请。监理人应在收到承包人提交的变更估价申请后 7 d 内审查完毕并报送发包人,监理人对变更估价申请有异议,通知承包人修改后重新提交。发包人应在承包人提交变更估价申请后 14 d 内审批完毕。发包人逾期未完成审批或未提出异议的,视为认可承包人提交的变更估价申请。

因变更引起的价格调整应计入最近一期的进度款中支付。

3. 工程计量及支付

根据设计文件及承包合同中关于工程量计算的规定,项目监理机构对承包单位申报的已完成工程的工程量进行的核验,称为工程计量。

（1）工程计量程序

对承包人已完成工程量的核实确认,是发包人支付工程款的前提,其具体的确认程序如下:

① 承包人向监理工程师提交已完工程量的工程款支付申请　除专用合同条款另有约定外,承包人应于每月 25 日向监理人报送上月 20 日至当月 19 日已完成的工程量报告,并附具进度付款申请单、已完成工程量报表和有关资料。

② 专业监理工程师审查施工单位提交的工程款支付申请　专业监理工程师应在收到承包人提交的工程量报告及工程款支付申请后 7 d 内完成工程计量,并对工程款支付申请提出审查意见。监理工程师对工程量有异议的,有权要求承包人进行共同复核或抽样复测。承包人应协助监理工程师进行复核或抽样复测,并按监理人要求提供补充计量资料。承包人未按监理工程师要求参加复核或抽样复测的,监理工程师复核或修正的工程量视为承包人实际完成的工程量。

③ 总监理工程师签发工程款支付证书,并报发包人　经专业监理工程师计量审核认可的工程量报告及工程款支付申请,经总监理工程师审核批准后签发工程款支付证书,并报送发包人,确定当月实际完成的工程量。

（2）工程计量的依据

计量依据一般有质量合格证书、工程量清单、技术规范中的"计量支付"条款和设计图纸。

① 质量合格证书　对于承包人已完的工程,并不是全部进行计量,而只是质量达到合同标准的已完工程才予以计量。即由质量监理工程师签认质量合格的工程量才予以计量。所以,质量控制是计量的基础,计量又是质量控制的手段,通过计量,强化承包单位的质量意识。

② 工程量清单和技术规范　工程量清单和技术规范是确定计量方法的依据。因为其中既规定了确定的单价所包括的工作内容和范围,也规定了清单中每一项工程的计量方法。

③ 设计图纸　监理工程师计量的工程数量,并不一定是承包人实际施工的数量。监理工程师对承包人超出设计图纸要求增加的工程量和自身原因造成返工的工程量,不予计量。

（3）工程计量的方法

监理工程师一般只对工程量清单中的全部项目、合同文件中规定的项目、工程变更项目进行计量。计量方法有如下几种方法。

① 均摊法　工程量清单中的某些项目每月均有发生，可按合同工期平均计量支付。

② 凭据法　按照承包人提供的凭据进行计量支付：如提供建筑工程险保险费、提供第三方责任险保险费、提供履约保证金等项目，一般按凭据法进行计量支付。

③ 估价法　按合同文件的规定，由监理工程师估算已完成的工程的价值计量。如为监理工程师提供办公设施和生活设施，提供测量设备、天气记录设备、通信设备等项目。

④ 断面法　主要用于土方工程的计量。对于填筑土方工程，一般规定计量的体积为原地面线与设计断面所构成的体积。采用这种方法计量，在开工前承包人需测绘出原地形的断面，并需经监理工程师检查，作为计量的依据。

⑤ 图纸法　在工程量清单中，许多项目都采取按照设计图纸所示的尺寸进行计量。如混凝土构筑物的体积、钻孔桩的桩长等。

⑥ 分解法　对一些包干项目或较大的工程项目，可根据工序或部位将其分解为若干子项，对完成的各子项分别进行计量，避免支付时间过长，影响承包人的资金流动。

（4）工程款（进度款）支付的程序和责任

监理人应在收到承包人进度付款申请单以及相关资料后 7 d 内完成审查并报送发包人，发包人应在收到后 7 d 内完成审批并签发进度款支付证书。发包人逾期未完成审批且未提出异议的，视为已签发进度款支付证书。

发包人和监理人对承包人的进度付款申请单有异议的，有权要求承包人修正和提供补充资料，承包人应提交修正后的进度付款申请单。监理人应在收到承包人修正后的进度付款申请单及相关资料后 7 d 内完成审查并报送发包人，发包人应在收到监理人报送的进度付款申请单及相关资料后 7 d 内，向承包人签发无异议部分的临时进度款支付证书。存在争议的部分，按照争议解决的约定处理。

发包人应在进度款支付证书或临时进度款支付证书签发后 14 d 内完成支付，发包人逾期支付进度款的，应按照中国人民银行发布的同期同类贷款基准利率支付违约金。

4. 其他相关费用

（1）施工中涉及安全施工方面的费用

承包人应按工程质量、安全及消防管理有关规定组织施工，采取严格的安全防护措施，承担由于自身的安全措施不力造成事故的责任和因此发生的费用。非承包人造成安全事故，由责任方承担责任和发生的费用。

2012 年 2 月 14 日，财政部、国家安全生产监督管理总局联合发布了《企业安全生产费用提取和使用管理办法》（财企[2012]16 号），在确立建筑施工等行业全面实行安全费用制度的基础上，扩大了安全生产费用政策的适用行业，提高了提取比例，拓展了使用范围，明确了财务管理要求。该暂行办法规定，建设工程施工企业以建筑安装工程造价为计提依据，各建设工程类别安全费用提取标准为：房屋建筑工程、水利水电工程、电力工程、铁路工程、城市轨道交通工程为 2.0%；市政公用工程、冶炼工程、机电安装工程、化工石油工程、港口与航道工程、公路工程、通信工程为 1.5%。建设工程施工企业提取的安全费用列入工程造价，在竞标时，不得删减，列入标外管理。总包单位应当将安全费用按比例直接支付分包单位并监督使用,分包单位不再重复提取。

2005 年,建设部《建筑工程安全防护、文明施工措施费用及使用管理规定》(建办[2005]89 号)第十条明确规定:工程监理单位应当对施工单位落实安全防护、文明施工措施情况进行现场监理。对施工单位已经落实的安全防护、文明施工措施,总监理工程师或者造价工程师应当及时审查并签认所发生的费用。

（2）专利技术及特殊工艺涉及的费用

发包人要求使用专利技术或特殊工艺,须负责办理相应的申报手续,承担申报、试验、使用等费用,承包人按发包人要求使用,并负责试验等有关工作。承包人提出使用专利技术或特殊工艺,报监理工程师认可后实施,承包人负责办理申报手续并承担有关费用。

擅自使用专利技术侵犯他人专利权,责任者依法承担相应责任。

（3）文物和地下障碍物

在施工中发现古墓、古建筑遗址等文物及其他有考古、地质研究等价值的物品时,承包人应立即保护好现场并于 4 h 内以书面形式通知监理工程师,监理工程师应于收到书面通知后 24 h 内报建设单位并报告当地文物管理部门,并按有关管理部门要求采取妥善保护措施。发包人承担由此发生的费用,延误的工期相应顺延。

施工中发现影响施工的地下障碍物时,承包人应于 8 h 内以书面形式通知监理工程师,同时提出处置方案,监理工程师收到处置方案后 8 h 内予以认可或提出修改方案。发包人承担由此发生的费用,延误的工期相应顺延。

所发现的地下障碍物有归属单位时,发包人报请有关部门协同处置。

5. 竣工结算

竣工决算是反映工程项目实际造价,核定新增固定资产价值,考核分析投资效果,办理交付使用验收的依据。

（1）承包人递交竣工决算结算申请

承包人应在工程竣工验收合格后 28 d 内向发包人和监理人提交竣工结算申请单,并提交完整的结算资料。承包人未能向发包人递交竣工决算申请及完整的结算资料,造成工程竣工结算不能正常进行或工程竣工结算价款不能及时支付,发包人要求交付工程的,承包人应当交付;发包人不要求交付工程的,承包人承担保管责任。

（2）监理审核

监理人应在收到竣工结算申请单后 14 d 内完成核查并报送发包人。具体程序是:专业监理工程师审查施工单位提交的竣工结算申请,提出审查意见;总监理工程师对专业监理工程师的审查意见进行审核,并与建设单位、施工单位协商,达成一致意见的,签发竣工结算文件和最终的工程款支付证书,并报发包人。监理人或发包人对竣工结算申请有异议的,有权要求承包人进行修正和提供补充资料,承包人应提交修正后的竣工结算申请单。不能达成一致意见的,按施工合同约定处理。

（3）发包人的核实和支付

发包人应在收到监理人提交的经审核的竣工结算申请单后 14 d 内完成审批,并由监理人向承包人签发经发包人签认的竣工付款证书。

发包人在收到承包人提交竣工结算申请书后 28 d 内未完成审批且未提出异议的,视为发包人认可承包人提交的竣工结算申请单,并自发包人收到承包人提交的竣工结算申请单后第 29 d 起视为已签发竣工付款证书。

（4）发包人不支付结算价款的违约责任

发包人应在签发竣工付款证书后的 14 d 内,完成对承包人的竣工付款。发包人逾期支付的,按照中国人民银行发布的同期同类贷款基准利率支付违约金;逾期支付超过 56 d 的,按照中国人民银行发布的同期同类贷款基准利率的两倍支付违约金。

关于竣工结算,要注意的是,2003 年建设部《关于监理单位审核工程预算资格和建设工程项目承包发包有关问题的复函》(建办法函[2003]7 号)指出:监理单位在监理工程中,可以接受建设单位的委托做所监理工程的预算审核工作。监理单位出具的工程预算书可以作为甲方与乙方谈判的参考,但不能作为甲乙双方结算的依据。

6. 质量保证金

（1）质量保证金的支付

承包人提供工程质量保证金有三种方式:质量保证金保函、相应比例的工程款、约定的其他方式。质量保证金的具体扣留方式也有三种:在支付工程进度款时逐次扣留,在此情形下,质量保证金的计算基数不包括预付款的支付、扣回以及价格调整的金额;工程竣工结算时一次性扣留质量保证金;双方约定的其他扣留方式。

发包人累计扣留的质量保证金不得超过结算合同价格的 5%,如承包人在发包人签发竣工付款证书后 28 d 内提交质量保证金保函,发包人应同时退还扣留的作为质量保证金的工程价款。

（2）质量保证金的结算与返还

在工程移交发包人后,因承包人原因产生的质量缺陷,承包人应承担质量缺陷责任和保修义务。缺陷责任期就是约定的承包人承担缺陷责任和修复义务的时限,也是发包人预留质量保证金的期限,该期限自工程实际竣工日期起计算,最长不超过 24 个月。缺陷责任期届满,发包人应退还承包人的质量保证金。但承包人仍应按合同约定的工程各部位保修年限承担保修义务。

施工阶段的进度控制

6.5 施工阶段的进度控制

工程进度控制是指在工程项目的实施过程中,监理人员运用各种监理手段和方法,依据合同文件所赋予的权力,监督工程项目承包人采用先进合理的施工方案和组织管理措施,在确保工程质量、安全和投资费用的前提下,按照合同规定的工程建设期限,加上监理工程师批准的工程延期时间以及预定目标去完成工程项目的施工。

6.5.1 施工阶段进度控制监理工作内容

1. 施工阶段进度控制工作流程

施工阶段进度控制监理工作流程如图 6-4 所示。

2. 施工阶段进度控制任务

（1）按进度控制工作程序实施监理

① 总监理工程师审批承包单位报送的施工总进度计划。

② 总监理工程师审批承包单位编制的年、季、月度施工进度计划。

③ 专业监理工程师对进度计划实施情况的检查、分析。

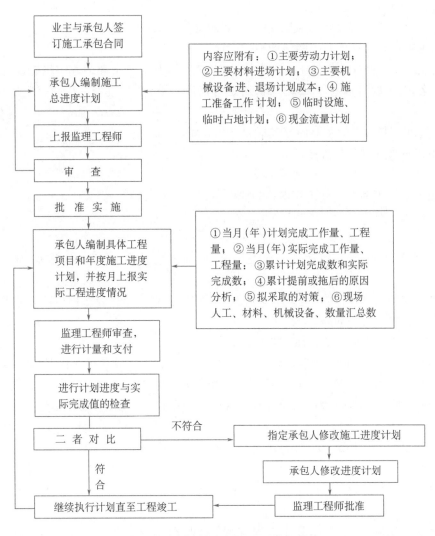

图 6-4 施工阶段进度控制监理工作流程图

④ 当实际进度符合计划进度时,专业监理工程师应要求承包单位编制下一期进度计划;当实际进度滞后于计划进度时,应书面通知承包单位采取纠偏措施并监督实施。

(2)审核承包人的施工进度计划

① 进度计划是否符合施工合同中的工期约定。

② 进度计划中的主要工程项目是否有遗漏,分期施工是否满足分批动用的需要和配套动用的要求,总承包、分承包单位分别编制的各单项工程进度计划之间是否相协调。

③ 施工顺序的安排是否符合施工工艺的要求。

④ 施工人员、工程材料、劳动力、材料、构配件及施工机械施工机具、设备、水、电等生产要素资源供应计划是否能保证施工进度计划的需要,供应是否均衡。

⑤ 施工进度计划是否能满足建设单位提供的施工条件(资金、施工图纸、施工场地、采供的物资等),承包单位在施工进度计划中所提出的供应时间和数量是否明确、合理,是否有造成因建设单位违约而导致工程延期和费用索赔的可能。

编制和实施施工进度计划是承包单位的责任。因此,监理工程师对施工进度计划的审查或批准,并不解除承包单位对施工进度计划的责任和义务。

（3）对工程施工进度的控制活动进行策划

专业监理工程师应依据施工合同有关条款、施工图及经过批准的施工组织设计,制定进度控制方案,对进度目标进行风险分析,制定防范性对策,经总监理工程师审定后报送建设单位。

施工进度控制方案的主要内容包括如下几方面。

① 施工进度控制目标分解图。

② 实现施工进度控制目标的风险分析。

③ 施工进度控制的主要工作内容和深度。

④ 监理人员对进度控制的职责分工。

⑤ 进度控制工作流程。

⑥ 进度控制的方法（包括进度检查周期、数据采集方式、进度报表格式、统计分析方法等）。

⑦ 进度控制的具体措施（包括组织措施、技术措施、经济措施及合同措施等）。

⑧ 尚待解决的有关问题。

（4）对工程施工进度实施动态监控

专业监理工程师应检查进度计划的实施,并记录实际进度及其相关情况,当发现实际进度滞后于计划进度时,应签发监理工程师通知单要求承包单位采取调整措施。当实际进度严重滞后于计划进度时,应及时报总监理工程师,由总监理工程师与建设单位商定采取进一步措施。

在实施进度控制过程中,专业监理工程师的主要工作如下。

① 检查和记录实际进度完成情况。

② 通过下达监理指令,召开工地例会、各种层次的专题协调会议,督促承包单位按期完成进度计划。

③ 当发现实际进度滞后于计划进度时,总监理工程师应指令承包单位采取调整措施。

④ 总监理工程师应在监理月报中向建设单位报告工程进度和所采取进度控制措施的执行情况,并提出合理预防由建设单位原因导致的工程延期及其相关费用索赔的建议。

（5）签发进度款付款凭证

核实承包单位申报的已完成分项工程量,在质量监理通过检查验收后,签发进度款付款凭证。

（6）向建设单位提供进度报告表

随时整理进度资料,做好工程记录,定期（如每月）向建设单位提供工程进度报告表。

（7）督促承包单位整理技术资料

要根据工程进度情况,督促承包单位及时整理有关部门的技术资料。

（8）审批竣工申请报告,组织竣工验收

审批承包单位在竣工后自行预检的基础上提交的初验申请报告;组织建设单位和设计单位进行初验;初验通过后,填写申请书并协助建设单位组织工程竣工验收。

（9）工程移交

督促承包单位办理工程移交手续,颁发工程移交证书。

6.5.2 进度控制监理工作要点

1. 对进度计划的确认或者修改意见

承包人应当在合同条款约定的日期,将施工组织设计和工程进度计划提交监理工程师。群体工程中采取分阶段进行施工的单项工程,承包人则应按照发包人提供图纸及有关资料的时间,按单项工程编制进度计划,分别向监理工程师提交。

监理工程师接到承包人提交的进度计划后,应当予以确认或者提出修改意见,时间限制则在施工合同中约定。如果监理工程师逾期不确认提出书面意见,则视为已经同意。监理工程师对进度计划予以确认或者提出修改意见,并不免除承包人施工组织设计和工程进度计划本身的缺陷所应承担的责任。监理工程师对进度计划予以确认的主要目的,是为监理工程师对进度进行控制提供依据。

2. 监督进度计划的执行

开工后,承包人必须按照监理工程师确认的进度计划组织施工,接受监理工程师对进度的检查、监督。这是监理工程师进行进度控制的一项日常性工作,检查、监督的依据是已经确认的进度计划。一般情况下,工程师每月检查一次承包人的进度计划执行情况,由承包人提交一份上月进度计划实际执行情况和本月的施工计划。同时,监理工程师还应进行必要的现场实地检查。

工程实际进度与进度计划不符时,承包人应当按照监理工程师的要求提出改进措施,经监理工程师确认后执行。但是,对于因承包人自身的原因造成工程实际进度与经确认的进度计划不符时,所有的后果都应由承包人自行承担,监理工程师也不对改进措施的效果负责。如果采用改进措施后,经过一段时间工程实际进展赶上了进度计划,则仍可按原进度计划执行。如果采用改进措施一段时间后,工程实际进展仍明显与进度计划不符,则监理工程师可以要求承包人修改原进度计划,并经监理工程师确认。但是,这种确认并不是监理工程师对工程延期的批准,而仅仅是要求承包人在合理的状态下施工。因此,如果修改后的进度计划不能按期完工,承包人仍应承担相应的违约责任。

3. 竣工验收阶段的进度控制

竣工验收,是发包人对工程的全面检验,是保修期外的最后阶段。在竣工验收阶段,监理工程师进度控制的任务是督促承包人完成工程扫尾工作,协调竣工验收中的各方关系,参加竣工验收。

（1）竣工验收的程序

工程应当按期竣工。即承包人按照协议书约定的竣工日期或者监理工程师同意顺延的工期竣工。工程如果不能按期竣工,承包人应当承担违约责任。

① 承包人提交竣工验收申请报告　当工程按合同要求全部完成,并具备了竣工验收条件后,承包人向监理人报送竣工验收申请报告,监理人应在收到竣工验收申请报告后 14 d 内完成审查并报送发包人。监理人审查后认为尚不具备验收条件的,应通知承包人在竣工验收前承包人还需完成的工作内容,承包人应在完成监理人通知的全部工作内容后,再次提交竣工验收申请报告。

② 发包人组织验收 监理人审查后认为已具备竣工验收条件的,应将竣工验收申请报告提交发包人,发包人应在收到经监理人审核的竣工验收申请报告后28 d内审批完毕并组织监理人、承包人、设计人等相关单位完成竣工验收。

竣工验收合格的,发包人应在验收合格后14 d内向承包人签发工程接收证书。发包人无正当理由逾期不颁发工程接收证书的,自验收合格后第15日起视为已颁发工程接收证书。

竣工验收不合格的,监理人应按照验收意见发出指示,要求承包人对不合格工程返工、修复或采取其他补救措施,由此增加的费用和(或)延误的工期由承包人承担。承包人在完成不合格工程的返工、修复或采取其他补救措施后,应重新提交竣工验收申请报告,并按本项约定的程序重新进行验收。

③ 发包人不按时组织验收的后果 除施工合同专用条款另有约定外,发包人不按照约定组织竣工验收、颁发工程接收证书的,每逾期1 d,应以签约合同价为基数,按照中国人民银行发布的同期同类贷款基准利率支付违约金。

工程未经验收或验收不合格,发包人擅自使用的,应在转移占有工程后7 d内向承包人颁发工程接收证书;发包人无正当理由逾期不颁发工程接收证书的,自转移占有后第15日起视为已颁发工程接收证书。

（2）发包人要求提前竣工

发包人要求承包人提前竣工的,发包人应通过监理人向承包人下达提前竣工指示,承包人应向发包人和监理人提交提前竣工建议书,提前竣工建议书应包括实施的方案、缩短的时间、增加的合同价格等内容。发包人接受该提前竣工建议书的,监理人应与发包人和承包人协商采取加快工程进度的措施,并修订施工进度计划,由此增加的费用由发包人承担。承包人认为提前竣工指示无法执行的,应向监理人和发包人提出书面异议,发包人和监理人应在收到异议后7 d内予以答复。任何情况下,发包人不得压缩合理工期。

发包人要求承包人提前竣工,或承包人提出提前竣工的建议能够给发包人带来效益的,合同当事人可以在专用合同条款中约定提前竣工的奖励。

（3）甩项工程

因特殊原因,发包人要求部分单位工程或工程部位甩项竣工的,双方应当另行签订甩项竣工协议,明确各方责任和工程价款的支付方法。

6.5.3 暂停施工及复工

1. 暂停施工

在施工过程中,有些情况会导致暂停施工。监理规范规定,在发生下列情况之一时,总监理工程师可签发工程暂停令:

① 建设单位要求暂停施工,且工程需要暂停施工。

② 为了保证工程质量而需要进行停工处理。

③ 施工出现了安全隐患,总监理工程师认为有必要停工以消除隐患。

④ 发生了必须暂时停止施工的紧急事件。

⑤ 承包单位未经许可擅自施工,或拒绝接受监理机构管理。

上述暂停施工的原因归纳起来有以下几个方面。

（1）监理工程师指示暂停施工

监理工程师在主观上是不希望暂停施工的，但有时继续施工会造成更大的损失。监理工程师认为有必要时，并经发包人批准后，可向承包人作出暂停施工的指示，承包人应按监理人指示暂停施工。

（2）发包人原因引起的暂停施工

因发包人原因引起暂停施工的，监理人经发包人同意后，应及时下达暂停施工指示。情况紧急且监理人未及时下达暂停施工指示的，按照紧急情况下的暂停施工执行。因发包人原因引起的暂停施工，发包人应承担由此增加的费用和（或）延误的工期，并支付承包人合理的利润。

（3）承包人原因引起的暂停施工

因承包人原因引起的暂停施工，承包人应承担由此增加的费用和（或）延误的工期，且承包人在收到监理人复工指示后84 d内仍未复工的，视为承包人违约，其违约性质为"明确表示或者以其行为表明不履行合同主要义务"。

（4）紧急情况下的暂停施工

因紧急情况需暂停施工，且监理人未及时下达暂停施工指示的，承包人可先暂停施工，并及时通知监理人。监理人应在接到通知后24 h内发出指示，逾期未发出指示，视为同意承包人暂停施工。监理人不同意承包人暂停施工的，应说明理由，承包人对监理人的答复有异议，按争议解决的约定处理。紧急情况下暂停施工，工期是否给予顺延应视风险责任的承担确定。如发现有价值的文物、发生不可抗拒事件等，风险责任应当由发包人承担，故应给予承包人工期顺延。

2. 暂停施工的处理程序

总监理工程师在签发工程暂停令时，应根据暂停工程的影响范围和影响程度，确定工程项目停工范围，并按照施工合同和委托监理合同的约定程序签发。

暂停施工期间，承包人应负责妥善照管工程并提供安全保障，由此增加的费用由责任方承担。

暂停施工期间，发包人和承包人均应采取必要的措施确保工程质量及安全，防止因暂停施工扩大损失。

3. 复工

暂停施工后，发包人和承包人应采取有效措施积极消除暂停施工的影响。在工程复工前，监理人会同发包人和承包人确定因暂停施工造成的损失，并确定工程复工条件。当工程具备复工条件时，监理人应经发包人批准后向承包人发出复工通知，承包人应按照复工通知要求复工。

（1）非承包人原因暂停施工的复工

由于发包人原因，或其他非承包人原因导致工程暂停时，监理人应如实记录所发生的实际情况。总监理工程师应在施工暂停原因消失、具备复工条件时，及时签署工程复工报审表，指令承包人继续施工。建设单位原因或非承包人原因导致工程暂停时，一般要根据实际的工程延期和费用损失，并通过协商，给予承包人工期和费用方面的补偿，所以项目监理机构应如实记录所发生的实际情况以备查。

（2）承包人原因暂停施工的复工

由于承包人原因导致工程暂停，在具备恢复施工条件时，项目监理机构应审查承包人报送的复工申请及有关材料,同意后由总监理工程师签署工程复工报审表,指令继续施工。承包人的原因导致工程暂停,承包人申请复工时,除了填报"工程复工报审表"外,还应报送针对导致停工的原因而进行的整改工作报告等有关材料。

总监理工程师在签发工程暂停令到签发工程复工报审表之间的时间内,宜会同有关各方按照施工合同的约定,处理因工程暂停引起的与工期、费用等有关的问题。

6.6　施工阶段的安全生产监理

施工阶段的安全生产监理

《建设工程安全生产管理条例》明确了监理对施工过程实施安全监管的责任,《关于落实建设工程安全生产监理责任的若干意见》(建市〔2006〕248 号)进一步明确了安全生产监理的内容、程序及责任。其中指出,监理单位应当按照法律、法规和工程建设强制性标准及监理委托合同实施监理,对所监理工程的施工安全生产进行监督检查。

安全生产监理是指工程监理单位按照有关法律、法规和工程建设强制性标准及委托监理合同,在所监理的工程中落实安全生产监理责任所开展的活动。

1. 安全生产监理的基本原则

① 施工单位应对施工现场安全生产负责,安全监理不得代替施工单位的安全生产管理。

② 施工单位应及时主动向项目监理机构报送所编制的安全生产管理文件和资料,接受项目监理机构的检查和整改指令。

③ 建设单位应及时向项目监理机构提供所需要的与工程施工安全有关的文件和资料;及时解决项目监理机构需要建设单位协调和处理的事宜。

2. 安全生产监理准备阶段的主要工作

① 项目监理机构应编制安全监理方案。

② 对中型及以上项目,项目监理机构应编制安全监理实施细则,对各项危险性较大工程,项目监理机构应单独编制相对应的安全监理实施细则。

③ 项目监理机构应调查、了解和熟悉施工现场及周边环境情况。

3. 施工阶段安全生产监理的主要工作

(1) 资质审查

① 对施工单位的资质证书和安全生产许可证审查其合法性、有效性。

② 对项目经理、专职安全生产管理人员的安全生产考核合格证书及专职安全生产管理人员配备与到位数量,审查其是否符合相关规定。

③ 对特种作业人员操作证,审查其合法性、有效性。

(2) 安全生产规章制度生产审查

① 检查施工总包单位在工程项目上的安全生产规章制度和安全管理机构的建立情况。

② 督促施工总包单位检查各施工分包单位的安全生产规章制度的建立情况。

(3) 安全生产技术方案审查

① 对施工单位编制的施工组织设计中的安全技术措施和专项施工方案进行审查,其应符合工程建设强制性标准要求。

② 对施工单位安全防护、文明施工措施费用使用计划和应急救援预案进行审核。

(4) 设备设施及安全措施审查

① 对需经项目监理机构核验的大型起重机械和自升式架设设施清单进行审查。

② 核查施工单位对大型起重机械、整体提升脚手架、模板等自升式架设设施和安全设施的验收手续。

（5）安全生产检查

① 检查施工现场各种安全标志和安全防护措施,其应符合工程建设强制性标准要求。

② 检查安全防护措施费用计划及其使用情况。

③ 审查并核准施工单位施工现场安全质量标准化达标工地的考核评分。

④ 定期巡视检查施工单位对危险性较大工程的监管和作业情况。

⑤ 监督施工单位按照施工组织设计中的安全技术措施和专项施工方案组织施工,采用监理手段及时制止违规施工作业。

⑥ 督促施工单位进行安全自查工作,并对施工单位自查情况进行抽查。

⑦ 参加建设单位组织的安全生产专项检查。

4. 安全生产监理的方法和手段

除了审查核验、巡视检查、召开会议等基本监理方法外,监理机构还应采用下述手段实施安全生产监理。

（1）告知

① 项目监理机构宜以监理工作联系单形式告知建设单位在安全生产方面的义务、责任以及相关事宜。

② 项目监理机构宜以监理工作联系单形式告知施工总包单位安全监理工作要求、对施工总包单位安全生产管理的提示和建议以及相关事宜。

（2）通知

① 项目监理机构在巡视检查中发现安全事故隐患,或违反现行法律、法规、规章和工程建设强制性标准,未按照施工组织设计中的安全技术措施和专项施工方案组织施工的,应及时签发监理工程师通知单,指令限期整改。

② 监理工程师通知单应发送施工总包单位并报送建设单位。

③ 施工单位针对项目监理机构指令整改后应填写监理工程师通知回复单,项目监理机构应复查整改结果。

（3）停工

① 项目监理机构发现施工现场安全事故隐患情况严重的,以及施工现场发生重大险情或安全事故的应签发工程暂停令,并按实际情况指示局部停工或全面停工。

② 工程暂停令应发送施工总包单位并报送建设单位。

③ 施工单位针对项目监理机构指令整改后应填写工程复工报审表,项目监理机构应复查整改结果。

（4）报告

① 施工现场发生安全事故,项目监理机构应立即向本单位负责人报告,情况紧急时可直接向有关主管部门报告。

② 对施工单位不执行项目监理机构指令,对施工现场存在的安全事故隐患拒不整改或不停工整改的,项目监理机构应及时报告有关主管部门,以电话形式报告的应有通话记录,并及时补充书面报告。

③ 项目监理机构应将月度安全监理工作情况以安全监理工作月报形式向本单位、建设

单位和安全监督部门报告。

④ 针对某项具体的安全生产问题,项目监理机构可以专题报告形式向本单位、建设单位和安全监督部门报告。

（5）监理日记

① 项目监理机构应在监理日记中记录安全监理工作情况。

② 监理日记中的安全监理工作记录应包括以下内容。

a. 当日施工现场安全现状。

b. 当日安全监理的主要工作。

c. 当日有关安全生产方面存在的问题及处理情况。

（6）安全监理工作月报

安全监理工作月报应包括以下内容:

① 当月危险性较大工程作业和施工现场安全现状及分析(必要时附影像资料)。

② 当月安全监理的主要工作、措施和效果。

③ 下月安全监理工作计划。

5. 施工阶段安全生产监理的重点

施工阶段安全生产监理的重点是危险性较大的分部分项工程的施工,《危险性较大的分部分项工程安全管理规定》(住建部令〔2018〕37号)所列的危险性较大的分部分项工程见表6-1,其审批、论证及技术交底的相关责任规定见表6-2。

表6-1　危险性较大的分部分项工程一览表

危险性较大的分部分项工程范围 （应当编制安全专项施工方案）	超过一定规模的危险性较大的分部分项工程范围 （应当编制安全专项施工方案且应当 组织专家进行论证、审查）
一、基坑工程 （一）开挖深度超过 3 m(含 3 m)的基坑(槽)的土方开挖、支护、降水工程。 （二）开挖深度虽未超过 3 m,但地质条件、周围环境和地下管线复杂,或影响毗邻建、构筑物安全的基坑(槽)的土方开挖、支护、降水工程	一、深基坑工程 开挖深度超过 5 m(含 5 m)的基坑(槽)的土方开挖、支护、降水工程
二、模板工程及支撑体系 （一）各类工具式模板工程:包括滑模、爬模、飞模、隧道模等工程。 （二）混凝土模板支撑工程:搭设高度 5 m 及以上,或搭设跨度 10 m 及以上,或施工总荷载(荷载效应基本组合的设计值,以下简称设计值)10 kN/m² 及以上,或集中线荷载(设计值)15 kN/m 及以上,或高度大于支撑水平投影宽度且相对独立无联系构件的混凝土模板支撑工程。 （三）承重支撑体系:用于钢结构安装等满堂支撑体系	二、模板工程及支撑体系 （一）各类工具式模板工程:包括滑模、爬模、飞模、隧道模等工程。 （二）混凝土模板支撑工程:搭设高度 8 m 及以上,或搭设跨度 18 m 及以上,或施工总荷载(设计值)15 kN/m² 及以上,或集中线荷载(设计值)20 kN/m 及以上。 （三）承重支撑体系:用于钢结构安装等满堂支撑体系,承受单点集中荷载 7 kN 及以上

续表

危险性较大的分部分项工程范围 （应当编制安全专项施工方案）	超过一定规模的危险性较大的分部分项工程范围 （应当编制安全专项施工方案且应当 组织专家进行论证、审查）
三、起重吊装及起重机械安装拆卸工程 （一）采用非常规起重设备、方法，且单件起吊质量在 10 kN 及以上的起重吊装工程。 （二）采用起重机械进行安装的工程。 （三）起重机械安装和拆卸工程	三、起重吊装及起重机械安装拆卸工程 （一）采用非常规起重设备、方法，且单件起吊重量在 100 kN 及以上的起重吊装工程。 （二）起重量 300 kN 及以上，或搭设总高度 200 m 及以上，或搭设基础标高在 200 m 及以上的起重机械安装和拆卸工程
四、脚手架工程 （一）搭设高度 24 m 及以上的落地式钢管脚手架工程（包括采光井、电梯井脚手架）。 （二）附着式升降脚手架工程。 （三）悬挑式脚手架工程。 （四）高处作业吊篮。 （五）卸料平台、操作平台工程。 （六）异型脚手架工程	四、脚手架工程 （一）搭设高度 50 m 及以上的落地式钢管脚手架工程。 （二）提升高度在 150 m 及以上的附着式升降脚手架工程或附着式升降操作平台工程。 （三）分段架体搭设高度 20 m 及以上的悬挑式脚手架工程
五、拆除工程 可能影响行人、交通、电力设施、通信设施或其他建、构筑物安全的拆除工程	五、拆除工程 （一）码头、桥梁、高架、烟囱、水塔或拆除中容易引起有毒有害气（液）体或粉尘扩散、易燃易爆事故发生的特殊建、构筑物的拆除工程。 （二）文物保护建筑、优秀历史建筑或历史文化风貌区影响范围内的拆除工程
六、暗挖工程 采用矿山法、盾构法、顶管法施工的隧道、洞室工程	六、暗挖工程 采用矿山法、盾构法、顶管法施工的隧道、洞室工程
七、其他 （一）建筑幕墙安装工程。 （二）钢结构、网架和索膜结构安装工程。 （三）人工挖孔桩工程。 （四）水下作业工程。 （五）装配式建筑混凝土预制构件安装工程。 （六）采用新技术、新工艺、新材料、新设备可能影响工程施工安全，尚无国家、行业及地方技术标准的分部分项工程	七、其他 （一）施工高度 50 m 及以上的建筑幕墙安装工程。 （二）跨度 36 m 及以上的钢结构安装工程，或跨度 60 m 及以上的网架和索膜结构安装工程。 （三）开挖深度 16 m 及以上的人工挖孔桩工程。 （四）水下作业工程。 （五）质量为 1 000 kN 及以上的大型结构整体顶升、平移、转体等施工工艺。 （六）采用新技术、新工艺、新材料、新设备可能影响工程施工安全，尚无国家、行业及地方技术标准的分部分项工程

表 6-2　危险性较大的分部分项工程审批、论证及技术交底的相关责任规定

类别	专家论证	审核人	签字人	安全技术交底责任人
不需专家论证的项目		施工单位技术部门组织本单位施工技术、安全、质量等部门的专业技术人员	① 施工单位技术负责人 ② 总承包单位技术负责人及相关专业承包单位技术负责人 ③ 总监理工程师	① 编制人员 ② 或项目技术负责人
需专家论证的项目	施工单位或施工总承包单位组织	① 专家组提交论证报告 ② 提出明确的意见 ③ 签字 ④ 作为专项方案修改完善的指导意见	① 施工单位技术负责人 ② 总承包单位技术负责人及相关专业承包单位技术负责人 ③ 建设单位项目负责人 ④ 总监理工程师	

6. 安全监理总结阶段的主要工作

工程项目竣工后,项目监理机构应编写安全监理工作总结。

工程监理单位应将安全监理工作中的有关文件资料按规定立卷归档。

6.7　施工合同管理

施工合同管理

进行建设工程监理,监理工程师的权利、义务和职责都来自合同。在施工阶段,监理单位依据合同要求,全面负责地对工程进行监督、管理和检查、协调现场各承包单位及有关单位间的关系,负责对合同文件的解释和说明,处理有关问题,以确保合同的圆满执行。

应该注意的是,监理单位受建设单位委托,履行合同中规定的职责,行使合同中规定或合同隐含的权利,但监理单位不是签订工程承包合同的一方,除非建设单位授权,监理单位无权改变合同,也无权解除合同规定的承包单位的任何义务。

6.7.1　工程变更的管理

工程变更是指在工程项目实施过程中,按照合同约定的程序对部分或全部工程在材料、工艺、功能、构造、尺寸、技术指标、工程数量及施工方法等方面做出的改变。

工程变更通常与初始目标不一致,会打乱原来的施工方案和计划,使工程的质量、投资、进度控制目标受到不利影响。主要表现在:

① 工程变更易引起工程索赔。这对项目的投资目标控制不利,容易导致投资失控,因为工程造价=合同价+索赔额。承包单位为了适应日益竞争的建筑市场,通常在合同谈判时让步而在工程实施过程中通过索赔获取利益。

② 工程变更易引起停工、返工现象,会延迟项目的动用时间,对进度不利。工程变更不但引起工程量的变化,而且会导致施工顺序的改变,打乱原有的进度计划。

③ 变更频繁会增加监理工程师(建设单位方的项目管理)的组织协调工作量(协调会、联系会增多)。

④ 对合同管理和质量控制不利。

应当注意的是,采用工程量清单计价模式后,由于工程量清单单价清楚、具体,表面上看,似乎工程变更管理、造价控制也相对简单、规范了,实际并非如此,定额计价模式下,变更费用不过是按计价时的定额标准进行相对简单的算术计算而已,而在工程量清单模式下,工程变更的处理,经常会引起合同双方对增减项目及费用合理性的争执,处理不好不但会影响工程量清单计价的合理性与公正性,更严重的是可能会由此而引起合同双方合同方面的争执,影响合同的正常履行和工程的顺利进行。因此在工程量清单计价模式下,更应重视工程变更对工程造价管理的影响。

1. 工程变更的发生

（1）建设单位提出工程变更

建设单位在项目的实施过程中对于原建筑效果、功能提出修改,由设计单位编制设计变更文件,通过监理工程师交承包单位实施工程变更;或建设单位由于对工程动用顺序的改变,要求承包单位提前进行某一单位工程的施工。

（2）监理工程师指令变更

监理工程师根据工程的实际进展情况,可以直接发布变更指令要求承包单位执行。如果根据承包单位后续提交的实施变更建议书又决定不进行变更,则承包单位为此导致的费用（包括设计、服务费）应得到补偿。

（3）承包单位提出变更要求

承包单位应按建设单位代表批准的施工文件和进度计划实施工程,不得随意变更设计。如果承包单位从双方利益出发,认为某一建议能导致降低工程施工、维护和运行费用,可以提高永久工程投产后的工作效率或价值,可能为建设一单位带来其他利益等情况时,任何时候都可以提出变更建议。只有经过监理工程师批准后,才允许实施此类变更。

（4）设计单位提出变更要求

设计单位在提交设计文件、图纸后,发现原设计存在缺陷,编制设计变更文件后交建设单位,因此要求承包单位进行工程变更。

（5）政府部门要求的工程变更

由于城市功能、布局的调整,政府部门对原批准的文件提出新的要求,如对外墙立面的材料、色彩的要求变化。

2. 工程变更的处理程序

项目监理机构应按下列程序处理工程变更:

（1）发包人提出变更

发包人提出变更的,应通过监理人向承包人发出变更指示,变更指示应说明计划变更的工程范围和变更的内容。

（2）监理人提出变更建议

监理人提出变更建议的,需要向发包人以书面形式提出变更计划,说明计划变更工程范围和变更的内容、理由,以及实施该变更对合同价格和工期的影响。发包人同意变更的,由监理人向承包人发出变更指示。发包人不同意变更的,监理人无权擅自发出变更指示。

3. 工程变更的处理原则

项目监理机构处理工程变更应符合下列要求:

① 项目监理机构在工程变更的质量、费用和工期方面取得建设单位授权后,应按施工合同规定与承包单位进行协商,经协商达成一致后,总监理工程师应将协商结果向建设单位通报,并由建设单位与承包单位在变更文件上签字。

② 在项目监理机构未能就工程变更的质量、费用和工期方面取得建设单位授权时,总监理工程师应协助建设单位和承包单位进行协商,并达成一致。

③ 在建设单位和承包单位未能就工程变更的费用等方面达成协议时,项目监理机构应提出一个暂定的价格,作为临时支付工程进度款的依据。该项工程款最终结算时,应以建设单位和承包单位达成的协议为依据。

④ 在总监理工程师签发工程变更单之前,承包单位不得实施工程变更。

⑤ 未经总监理工程师审查同意而实施的工程变更,项目监理机构不得予以计量。

4. 工程变更价款的确定

① 承包人应在收到变更指示后 14 d 内,向监理人提交变更估价申请。监理人应在收到承包人提交的变更估价申请后 7 d 内审查完毕并报送发包人,监理人对变更估价申请有异议,通知承包人修改后重新提交。发包人应在承包人提交变更估价申请后 14 d 内审批完毕。发包人逾期未完成审批或未提出异议的,视为认可承包人提交的变更估价申请。

a. 已标价工程量清单或预算书有相同项目的,按照相同项目单价认定。

b. 已标价工程量清单或预算书中无相同项目,但有类似项目的,参照类似项目的单价认定。

c. 变更导致实际完成的变更工程量与已标价工程量清单或预算书中列明的该项目工程量的变化幅度超过 15%的,或已标价工程量清单或预算书中无相同项目及类似项目单价的,按照合理的成本与利润构成的原则,由发承包双方协商确定变更工作的单价。对此,《建设工程计价计量规范》(GB 50500—2013)规定由承包人根据变更工程资料、计量规则及计价办法、工程造价管理机构发布的信息价格和承包人报价浮动率提出变更工程项目的单价,报发包人确认后调整。

② 承包人在确定变更后 14 d 内不向监理工程师提出变更工程价款报告时,视为该项设计变更不涉及合同价款的变更。

③ 监理工程师确认增加的工程变更价款作为追加合同价款,与工程款同期支付。

④ 因承包人自身原因导致的工程变更,承包人无权要求追加合同价款。

⑤ 监理工程师同意采用承包人合理化建议,所发生的费用和获得的收益,发承包双方另行约定分担或分享。

6.7.2　索赔的处理

在经济合同实施中,合同一方当事人不履行或未正确履行其义务,而使另一方受到损失,受损失的一方向违约的一方提出给予赔偿的要求,称为索赔。在建设工程施工合同方面,大多数索赔是施工单位向建设单位提出的,而且索赔的原因是多种多样的。

当然,由于施工单位的原因或责任而造成的工期延长或费用增加,建设单位也可向施工单位要求补偿,称为建设单位的索赔。在 FIDIC 条款中,建设单位索赔的程序和处理,与施工单位的索赔是不同的。

1. 索赔的种类

(1) 按索赔的目标划分

索赔的分类方法很多。按索赔的目标不同可以分为工期索赔、费用索赔和综合索赔。工期索赔是指施工单位要求延长竣工时间,而不要求索赔费用。费用索赔则是仅要求费用赔偿,而无延长工期的要求。综合索赔是对某一事件,施工单位对费用赔偿与延长工期均有要求。国际惯例中,一份索赔报告只能提出一种索赔要求,所以对于综合索赔,虽然是同一件事,但是工期及费用的索赔,要分别编写两份报告。

　　(2)按索赔的根据划分

　　按索赔的根据不同可以分为合同规定的索赔,非合同规定的索赔和道义索赔三种。

　　① 合同规定的索赔,是指施工单位提出索赔的根据是明确规定应由建设单位承担责任或风险的合同条款。

　　② 非合同规定的索赔则是虽然合同规定中未写明,但根据条款隐含的意思可以判定应由建设单位承担赔偿责任的情况,以及根据适用法律建设单位应承担责任的情况。

　　③ 道义索赔亦称通融索赔,它是在施工单位明显有大量亏损的情况下,建设单位给予一定补偿,以有利于施工的一种特殊赔偿形式。

　　工程建设中常见的是以合同条款为根据的合同规定的索赔。

　　(3)按索赔的结果划分

　　① 承包人可选择下列一项或几项获得赔偿:

　　a. 延长工期。

　　b. 要求发包人支付实际发生的费用。

　　c. 要求发包人支付合理的预期利润。

　　d. 要求发包人按合同的约定支付违约金。

　　当承包人的费用索赔与工期索赔要求相关联时,发包人在作出费用索赔的批准决定时,应结合工程延期,综合作出费用赔偿和工程延期的决定。

　　② 发包人可选择下列一项或几项获得赔偿:

　　a. 延长质量缺陷修复期限。

　　b. 要求承包人支付实际发生的额外费用。

　　c. 要求承包人按合同的约定支付违约金。

2. 承包人索赔的原因

　　(1)施工延期

　　施工延期索赔是指由于非施工单位的各种原因造成工程进度推迟,施工不能按计划时间进行的情况。常见的主要有建设单位拆迁受阻、气候条件恶劣等。

　　(2)现场自然条件恶劣

　　恶劣的现场自然条件引起的索赔是指一般有经验的施工单位事先无法合理预料的,如地质条件变化、地下实物障碍等引起的,施工单位要花费更多的时间和费用去克服这些障碍的干扰,由此向建设单位提出补偿要求的索赔行为。

　　(3)合同变更

　　合同变更引起的索赔包括工程变更、施工方法变更、工程量的增加与减少等。这种变更必须是合同规定工程范围内的变更,若超出合同规定范围,则施工单位有权拒绝。当工程量变更导致相应清单项目的工程量发生变化,且工程量偏差超过15%时,该项目单价应予调整,如果发承包双方就此不能达成协议,即成为索赔起因。所以,变更是导致索赔的主要原因,当变更无法协调时就上升为索赔或纠纷。

（4）合同矛盾和缺陷

合同矛盾和缺陷引起的索赔如合同文件的组成问题,合同缺陷、设计图样与工程量清单不符、设计图样不符合现场条件等。

（5）风险分摊不均

施工单位只有在遇到风险发生有不可预防性时,通过索赔的方法来减少风险所造成的损失。建设单位应当适量地弥补由于各种风险所造成的施工单位的经济损失,以求公平合理地分摊风险。

（6）建设单位违约

如拖延提供施工场地及通道,拖延支付工程款,建设单位指定的分包单位违约,建设单位提前占有部分永久工程,建设单位要求赶工等。

（7）监理工程师工作差错

如延误发给图样,拖延审批图样,其他施工单位的干扰,各种额外的试验和检查,工程质量要求过高,对施工单位的施工进行不合理的干预,非施工单位责任的暂停施工,提供的数据或基准有差错等。

（8）价格调整

因施工周期长,其间主要施工材料价格调整,导致施工费用增加,由施工单位向建设单位提出的索赔。

（9）法规变化

因法规变化而造成施工成本增加,施工单位向建设单位提出的索赔。

3. 发包人索赔的原因

① 未能按照合同协议书中约定或监理人的指示在约定时间内完成工程。

② 工程质量未达到合同协议书中约定的质量标准。

③ 未经发包人同意擅自将工程转包、分包给其他人。

④ 未向发包人支付应付的材料费和设备等费用给发包人造成损失。

⑤ 未按合同约定办理保险。

⑥ 无理扣留和拒绝支付分包商。

⑦ 未按合同约定的程序通知发包人检查隐蔽工程质量。

⑧ 由于承包人过错导致的工程拒收和再次检验。

⑨ 对施工过程管理不善造成发包人或第三方利益损失。

⑩ 因承包人的原因终止合同。

4. 索赔的程序

《建设工程施工合同示范文本》规定,发承包双方均可向对方提出索赔。

（1）承包人索赔的程序

承包人索赔可以按下列程序以书面的形式向发包人进行索赔。

① 索赔事件发生后 28 d 内,向监理人递交索赔意向通知书。

② 发出索赔意向通知书后 28 d 内,向监理人正式递交索赔报告。

③ 索赔事件具有持续影响的,承包人应按合理时间间隔继续递交延续索赔通知。

④ 在索赔事件影响结束后 28 d 内,承包人应向监理人递交最终索赔报告。

（2）对承包人索赔的处理

① 监理人应在收到索赔报告后 14 d 内完成审查并报送发包人。

② 发包人应在监理人收到索赔报告或有关索赔的进一步证明材料后的 28 d 内，由监理人向承包人出具经发包人签认的索赔处理结果。发包人逾期答复的，则视为认可承包人的索赔要求。

（3）发包人索赔的程序

根据合同约定，发包人认为有权得到赔付金额和（或）延长缺陷责任期的，监理人应向承包人发出通知并附有详细的证明。

① 索赔事件发生后 28 d 内，发包人通过监理人向承包人提出索赔意向通知书，发包人未在前述 28 d 内发出索赔意向通知书的，丧失要求赔付金额和（或）延长缺陷责任期的权利。

② 发包人应在发出索赔意向通知书后 28 d 内，通过监理人向承包人正式递交索赔报告。

（4）对发包人索赔的处理

① 承包人收到发包人提交的索赔报告后，应及时审查索赔报告的内容、查验发包人证明材料。

② 承包人应在收到索赔报告或有关索赔的进一步证明材料后 28 d 内，将索赔处理结果答复发包人。如果承包人未在上述期限内做出答复的，则视为对发包人索赔要求的认可。

③ 承包人接受索赔处理结果的，发包人可从应支付给承包人的合同价款中扣除赔付的金额或延长缺陷责任期；发包人不接受索赔处理结果的，按合同争议处理。

5. 索赔处理原则

（1）项目监理机构处理费用索赔的依据如下。

① 国家有关的法律、法规和工程项目所在地的地方法规。

② 本工程的施工合同文件。

③ 国家、部门和地方有关的标准、规范和定额。

④ 施工合同履行过程中与索赔事件有关的凭证。

（2）当承包单位提出费用索赔的理由同时满足以下条件时，项目监理机构应予以受理。

① 与合同相比较，已造成了实际的额外费用或工期损失。

② 造成费用增加或工期损失的原因不属于承包人的行为责任。

③ 造成的费用增加或工期损失不是应由承包人承担的风险。

④ 承包人在事件发生后的规定时间内，提交了索赔的书面意向通知和索赔报告。

（3）承包人向建设单位提出费用索赔，项目监理机构应按下列程序处理。

① 承包人在施工合同规定的期限内向项目监理机构提交对建设单位的费用索赔意向通知书。

② 总监理工程师指定专业监理工程师收集与索赔有关的资料，即做好工地实际情况的调查和日常记录，收集来自现场以外的各种文件资料与信息。

③ 承包人在承包合同规定的期限内向项目监理机构提交对建设单位的费用索赔申请表。

④ 总监理工程师初步审查费用索赔申请表，审查通过后，可开始下一步的评估，否则应

对承包人的申请予以退还,初步审查内容有:

a. 索赔申请的格式是否满足监理工程师的要求。

b. 索赔申请的内容是否符合要求,即已列明索赔发生、发展的原因及申请所依据的合同条款;附有索赔数额计算的方法、价格与数量的来源细节和索赔涉及的有关证明、文件、资料、图纸等。

⑤ 总监理工程师进行费用索赔评估,并在初步确定一个额度后,与承包人和建设单位进行协商。评估应主要从以下几方面进行。

a. 承包人提交的索赔申请资料是否真实、齐全,满足评审的需要。

b. 申请索赔的合同依据是否正确。

c. 申请索赔的理由是否正确与充分。

d. 申请索赔数额的计算原则与方法是否恰当,数量是否与监理工程师掌握的资料一致,价格与取费能否被建设单位接受,否则应修订承包人的计算方法与索赔数额,并与建设单位和承包人进行协商。

⑥ 总监理工程师应在施工合同规定的期限内签署费用索赔审批表,或在施工合同规定的期限内发出要求承包人提交有关索赔报告的进一步详细资料的通知。

⑦ 在审查和初步确定索赔批准额时,项目监理机构要审查以下 3 个方面。

a. 索赔事件发生的合同责任。

b. 由于索赔事件的发生,施工成本与其他费用的变化和分析。

c. 索赔事件发生后,承包人是否采取了减少损失的措施。承包人报送的索赔额中是否包含了让索赔事件任意发展而造成的损失额。

⑧ 项目监理机构在确定索赔批准额时,可采用实际费用法。索赔批准额等于承包人为了某项索赔事件所支付的合理实际开支减去施工合同中的计划开支,再加上应得的管理费。

⑨ 总监理工程师在签署费用索赔审批时,可附一份索赔审查报告。索赔审查报告应包括:

a. 正文　受理索赔的日期,工作概况,确认的索赔理由及合同依据,经过调查、讨论、协商而确定的计算方法及由此而得出的索赔批准额和结论。

b. 附件　总监理工程师对该索赔的评价,承包人的索赔报告及其有关证据和资料。

(4) 当承包人的费用索赔要求与工程延期要求相关联时,总监理工程师在做出费用索赔的批准决定时,应与工程延期的批准联系起来,综合做出费用索赔和工程延期的决定。

费用索赔与工期索赔有时候会相互关系,在这种情况下,建设单位可能不愿给予工程延期批准或只给予部分工程延期批准,此时的费用索赔批准不仅要考虑补偿还要给予赶工补偿,所以总监理工程师要综合做出费用索赔和工期延期的批准决定。

(5) 由于承包人的原因造成建设单位的额外损失,建设单位向承包人提出费用索赔时,总监理工程师在审查索赔报告后,应公正地与建设单位和承包人进行协商,并及时做出答复。

6.7.3　工程延期及延误的处理

在工程项目的施工过程中,工程进度常常要出现偏差,发生工程拖延。《建设工程监理规范》(GB/T 50319—2013)将工程拖延分为两种情况:工程延误和工程延期。虽然它们都使工程进度控制目标不能按期竣工,但性质不同,因而建设单位与承包人所承担的责任也就不同。

要注意的是,《建筑工程施工合同(示范文本)》(GF—2017—0201)对工程拖延的定义只有工期延误一种,只不过按发生的原因将其分为发包人原因、承包人原因、外界环境条件导致的工期延误。

工程拖延如果是由于承包人原因造成的,则属于工期延误,承包人不但要承担由此造成的一切损失,而且建设单位还有权对承包人施行违约误期罚款。而如果是由于非承包人原因造成的,则属于工程延期,处理情况也正好相反,承包人不仅有权要求延长工期,而且,还有权向建设单位提出费用赔偿的要求,以弥补由此造成的额外损失。因此,监理工程师是否将施工过程中施工进度的拖延批准为工程延期,对建设单位和承包人都十分重要。简单地说,承包人提出的工期索赔经监理工程师批准的部分即为工程延期,其余的则为工期延误。

1. 承包人原因造成的工期延误

因承包人原因造成工期延误的,可以在专用合同条款中约定逾期竣工违约金的计算方法和逾期竣工违约金的上限。承包人支付逾期竣工违约金后,不免除承包人继续完成工程及修补缺陷的义务。

2. 工程延期

(1)发包人原因导致工程延期

当发生发包人原因造成的持续性影响工期的事件时,承包人有权提出延长工期的申请。因以下原因造成工期延期,经监理工程师确认,可批准为工程延期:

① 发包人未能按合同约定提供图纸或所提供图纸不符合合同约定的。

② 发包人未能按合同约定提供施工现场、施工条件、基础资料、许可、批准等开工条件的。

③ 发包人提供的测量基准点、基准线和水准点及其书面资料存在错误或疏漏的。

④ 发包人未能在计划开工日期之日起 7 d 内同意下达开工通知的。

⑤ 发包人未能按合同约定日期支付工程预付款、进度款或竣工结算款的。

⑥ 监理人未按合同约定发出指示、批准等文件的。

⑦ 施工合同专用条款中约定的其他情形。

因发包人原因未按计划开工日期开工的,发包人应按实际开工日期顺延竣工日期,确保实际工期不低于合同约定的工期总日历天数。因发包人原因导致工期延误需要修订施工进度计划的,承包人应向监理人提交修订的施工进度计划,并附有关措施和相关资料,由监理人报送发包人。除专用合同条款另有约定外,发包人和监理人应在收到修订的施工进度计划后 7 d 内完成审核和批准或提出修改意见。

(2)外界环境条件影响导致的工程延期

外界环境条件主要指:

① 不利物质条件 不利物质条件是指有经验的承包人在施工现场遇到的不可预见的自然物质条件、非自然的物质障碍和污染物,包括地表以下物质条件和水文条件以及专用合同条款约定的其他情形,但不包括气候条件。

承包人遇到不利物质条件时,应采取克服不利物质条件的合理措施继续施工,并及时通知发包人和监理人。通知应载明不利物质条件的内容以及承包人认为不可预见的理由。监理人经发包人同意后应当及时发出指示,指示构成变更的,按工程变更处理。承包人因采取合理措施而增加的费用和(或)延误的工期由发包人承担。

② 异常恶劣的气候条件　异常恶劣的气候条件是指在施工过程中遇到的,有经验的承包人在签订合同时不可预见的,对合同履行造成实质性影响的,但尚未构成不可抗力事件的恶劣气候条件。

承包人应采取克服异常恶劣的气候条件的合理措施继续施工,并及时通知发包人和监理人。监理人经发包人同意后应当及时发出指示,指示构成变更的,按工程变更处理。承包人因采取合理措施而增加的费用和(或)延误的工期由发包人承担。

3. 工程延误的处理原则

① 当承包人提出工程延期要求符合施工合同约定时,项目监理机构应予以受理。

② 当影响工期事件具有持续性时,项目监理机构应对施工单位提交的阶段性工程临时延期报审表进行审查,签署工程临时延期审核意见后报建设单位。当影响工期事件结束后,项目监理机构应对施工单位提交的工程最终延期报审表进行审查,签署工程最终延期审核意见后报建设单位。

③ 项目监理机构在做出工程临时延期批准和最终延期批准之前,均应与建设单位和施工单位进行协商。

项目监理机构批准工程延期应同时满足下列三个条件。

a. 施工单位在施工合同约定的期限内提出工程延期。

b. 因非施工单位原因造成施工进度滞后。

c. 施工进度滞后影响到施工合同约定的工期。

④ 施工单位因工程延期提出费用索赔时,项目监理机构应按施工合同约定进行处理。

⑤ 发生工期延误时,项目监理机构应按施工合同约定进行处理。

⑥ 经监理工程师确认的顺延的工期应纳入合同工期,作为合同工期的一部分。如果承包人不同意监理工程师的确认结果,则按合同规定的争议解决方式处理。

4. 因不可抗力事件导致的工期延误及相应费用的处理

不可抗力是指合同当事人在签订合同时不可预见,在合同履行过程中不可避免且不能克服的自然灾害和社会性突发事件,如地震、海啸、瘟疫、骚乱、戒严、暴动、战争和专用合同条款中约定的其他情形。

不可抗力发生后,发包人和承包人应收集证明不可抗力发生及不可抗力造成损失的证据,并及时认真统计所造成的损失。合同当事人对是否属于不可抗力或其损失的意见不一致的,由监理人按施工合同中"商定或确定"的约定处理。发生争议时,按"争议解决"处理。

(1) 不可抗力的通知

合同一方当事人遇到不可抗力事件,使其履行合同义务受到阻碍时,应立即通知合同另一方当事人和监理人,书面说明不可抗力和受阻碍的详细情况,并提供必要的证明。

不可抗力持续发生的,合同一方当事人应及时向合同另一方当事人和监理人提交中间报告,说明不可抗力和履行合同受阻的情况,并于不可抗力事件结束后 28 d 内提交最终报告及有关资料。

(2) 不可抗力后果的承担

不可抗力导致的人员伤亡、财产损失、费用增加和(或)工期延误等后果,由合同当事人按以下原则承担：

① 永久工程、已运至施工现场的材料和工程设备的损坏，以及因工程损坏造成的第三方人员伤亡和财产损失由发包人承担。

② 承包人施工设备的损坏由承包人承担。

③ 发包人和承包人承担各自人员伤亡和财产的损失。

④ 因不可抗力影响承包人履行合同约定的义务，已经引起或将引起工期延误的，应当顺延工期，由此导致承包人停工的费用损失由发包人和承包人合理分担，停工期间必须支付的工人工资由发包人承担。

⑤ 因不可抗力引起或将引起工期延误，发包人要求赶工的，由此增加的赶工费用由发包人承担。

⑥ 承包人在停工期间按照发包人要求照管、清理和修复工程的费用由发包人承担。

6.7.4　合同争议的调解与合同的解除

1. 合同争议

在工程项目进展的过程中，由于对某些问题的处理需要合同依据，当建设单位和施工单位对合同条款的适用性或解释形不成一致意见时，就出现合同争议。包括监理工程师对某一问题的决定而使双方意见不一致而导致的争议。一般的争议常常集中在建设单位与施工单位之间的经济利益上。常见的争议主要有：

① 索赔争议　如施工单位提出经济或工期索赔，建设单位不予承认或予以承认，但支付金额与施工单位的要求相差较大，双方不能达成一致意见。

② 违约赔偿争议　如建设单位或施工单位违约责任不明确，双方产生严重分歧。

③ 工程质量的争议　如工程施工中的缺陷、设备性能不合格等施工质量责任区分不清，双方不能达成一致意见，发生的争议。

④ 终止合同争议　施工单位因建设单位违约而终止合同，并要求建设单位因这一终止所引起的损失予以赔偿，建设单位不予承认或不同意施工单位提出的索赔要求，发生争议。

⑤ 终止合同争议　对于终止合同的原因、责任，以及终止合同后的结算和赔偿，双方持有不同看法而引起争议。

⑥ 计量与支付争议　双方在计量原则、方法及程序上产生的争议。

⑦ 其他争议　如进度、质量控制、试验等方面产生的争议。

2. 合同争议的处理原则

《建筑工程施工合同（示范文本）》（GF—2017—0201）提出了4种合同争议的处理方式。

（1）和解

即合同当事人就争议自行和解，自行和解达成的协议经双方签字并盖章后作为合同补充文件，双方均应遵照执行。

（2）调解

合同当事人可以就争议请求建设行政主管部门、行业协会或其他第三方进行调解，调解达成的协议，经双方签字并盖章后作为合同补充文件，双方均应遵照执行。

（3）争议评审

合同当事人在专用合同条款中约定采取争议评审方式解决争议以及评审规则，并按下列约定执行：

① 确定争议评审小组　合同当事人可以共同选择一名或三名争议评审员，组成争议评审小组。除专用合同条款另有约定外，合同当事人应当自合同签订后 28 d 内，或者争议发生后 14 d 内，选定争议评审员。评审员报酬通常由发包人和承包人各承担一半。

② 争议评审小组的决定　合同当事人可在任何时间将与合同有关的任何争议共同提请争议评审小组进行评审。争议评审小组应秉持客观、公正原则，充分听取合同当事人的意见，依据相关法律、规范、标准、案例经验及商业惯例等，自收到争议评审申请报告后 14 d 内作出书面决定，并说明理由。合同当事人可以在专用合同条款中对本项事项另行约定。

③ 争议评审小组决定的效力　争议评审小组作出的书面决定经合同当事人签字确认后，对双方具有约束力，双方应遵照执行。任何一方当事人不接受争议评审小组决定或不履行争议评审小组决定的，双方可选择采用其他争议解决方式。

（4）仲裁或诉讼

因合同及合同有关事项产生的争议，合同当事人可以在专用合同条款中约定以下一种方式解决争议：

① 向约定的仲裁委员会申请仲裁。

② 向有管辖权的人民法院起诉。

3. 合同争议处理的监理工作

根据《建设工程监理规范》（GB/T 50319—2013），项目监理机构可以应要求介入合同争议的处理，显然，其性质属于上述的"调解"性质。项目监理机构接到处理施工合同争议要求后应进行以下工作：

① 了解合同争议情况。

② 及时与合同争议双方进行磋商。

③ 提出处理方案后，由总监理工程师进行协调。

④ 当双方未能达成一致时，总监理工程师应提出处理合同争议的意见。

⑤ 项目监理机构在施工合同争议处理过程中，对未达到施工合同约定的暂停履行合同条件的，应要求施工合同双方继续履行合同。

在施工合同争议的仲裁或诉讼过程中，项目监理机构可按仲裁机关或法院要求提供与争议有关的证据。

4. 合同的解除

施工合同订立后，当事双方应当按照合同的约定行使权力和履行义务。但是，在一定的条件下，合同没有履行或者没有完全履行，根据《民法典》和施工承包合同的约定，也可以解除合同。

（1）施工合同解除的形式

① 双方协商解除　经过双方协商，一致同意解除。这种形式的合同解除是在合同成立以后，履行完毕以前，双方当事人通过协商而同意终止合同关系。

② 发生不可抗力时合同的解除　因不可抗力或者非合同当事人的原因，造成工程停建或缓建，致使合同无法履行的，合同双方可以解除合同。

③ 当事人违约时合同的解除。

a. 发包人违约并经约定暂停施工满 28 d 后，发包人仍不纠正其违约行为并致使合同目的不能实现的,或发包人明确表示或者以其行为表明不履行合同主要义务的,承包人有权解除合同,发包人应承担由此增加的费用,并支付承包人合理的利润。

b. 承包人违约或承包人明确表示或者以其行为表明不履行合同主要义务的,或监理人发出整改通知后,承包人在指定的合理期限内仍不纠正违约行为并致使合同目的不能实现的,发包人有权解除合同。

(2)施工合同解除的程序

如果是合同一方主张解除合同的,应向对方发出解除合同的书面通知,并在发出通知前按合同要求或根据法律规定提前告知对方。如果另一方对解除合同有异议的,按照解决合同争议程序处理。

(3)合同解除中监理的工作

根据合同解除的原因不同,项目监理机构在合同解除中所应做的工作也有所区别。

① 发包人违约导致施工合同解除 在这种情况下,项目监理机构应就承包人按施工合同规定应得到的款项与建设单位和承包人进行协商,并应按施工合同的规定从下列应得的款项中确定承包人应得到的全部工程款,并书面通知建设单位和承包人。发包人应在解除合同后 28 d 内支付下列款项,并解除履约担保:

a. 合同解除前所完成工作的价款。

b. 承包人为工程施工订购并已付款的材料、工程设备和其他物品的价款。

c. 承包人撤离施工现场以及遣散承包人人员的款项。

d. 按照合同约定在合同解除前应支付的违约金。

e. 按照合同约定应当支付给承包人的其他款项。

f. 按照合同约定应退还的质量保证金。

g. 因解除合同给承包人造成的损失。

承包人应妥善做好已完工工程和与工程有关的已购材料、工程设备的保护和移交工作,并将施工设备和人员撤出施工现场,发包人应为承包人撤出提供必要条件。

② 承包人违约导致施工合同解除 因承包人原因导致合同解除的,项目监理机构应协助则合同当事人在合同解除后 28 天内完成估价、付款和清算,并按以下约定执行:

a. 合同解除后,商定或确定承包人实际完成工作对应的合同价款,以及承包人已提供的材料、工程设备、施工设备和临时工程等的价值。

b. 合同解除后,承包人应支付的违约金。

c. 合同解除后,因解除合同给发包人造成的损失。

d. 合同解除后,承包人应按照发包人要求和监理人的指示完成现场的清理和撤离。

e. 发包人和承包人应在合同解除后进行清算,出具最终结清付款证书,结清全部款项。

因承包人违约解除合同的,发包人有权暂停对承包人的付款,查清各项付款和已扣款项。发包人和承包人未能就合同解除后的清算和款项支付达成一致的,按照争议处理。

③ 不可抗力原因导致施工合同终止 因不可抗力导致合同无法履行连续超过 84 d 或累计超过 140 d 的,发包人和承包人均有权解除合同。合同解除后,由双方当事人商定或确定发包人应支付的款项,该款项包括:

a. 合同解除前承包人已完成工作的价款。

b. 承包人为工程订购的并已交付给承包人,或承包人有责任接受交付的材料、工程设备和其他物品的价款。

　　c. 发包人要求承包人退货或解除订货合同而产生的费用,或因不能退货或解除合同而产生的损失。

　　d. 承包人撤离施工现场以及遣散承包人人员的费用。

　　e. 按照合同约定在合同解除前应支付给承包人的其他款项。

　　f. 扣减承包人按照合同约定应向发包人支付的款项。

　　g. 双方商定或确定的其他款项。

　　除专用合同条款另有约定外,合同解除后,发包人应在商定或确定上述款项后 28 d 内完成上述款项的支付。

6.7.5　工程分包管理

　　工程分包,是指建筑业企业将其所承包的房屋建筑和市政基础设施工程中的专业工程或者劳务作业发包给其他建筑业企业完成的活动。施工分包分为专业工程分包和劳务作业分包。专业工程分包,是指施工总承包企业(或称专业分包工程发包人)将其所承包工程中的专业工程发包给具有相应资质的其他建筑业企业(或称专业分包工程承包人)完成的活动。劳务作业分包,是指施工总承包企业或者专业承包企业(或称劳务作业发包人)将其承包工程中的劳务作业发包给劳务分包企业(或称劳务作业承包人)完成的活动。《房屋建筑和市政基础设施工程施工分包管理办法》(建设部 124 号令)对施工分包有明确规定。

1. 监理对施工分包的管理

　　施工分包活动必须依法进行。其相应的法规规定主要有:

　　① 建设单位不得直接指定分包工程承包人。任何单位和个人不得对依法实施的分包活动进行干预。

　　② 分包工程承包人必须具有相应的资质,并在其资质等级许可的范围内承揽业务。严禁个人承揽分包工程业务。

　　③ 专业工程分包除在施工总承包合同中有约定外,必须经建设单位认可。专业分包工程承包人必须自行完成所承包的工程。劳务作业分包由劳务作业发包人与劳务作业承包人通过劳务合同约定。劳务作业承包人必须自行完成所承包的任务。

　　④ 分包工程发包人和分包工程承包人应当依法签订分包合同,并按照合同履行约定的义务。分包合同必须明确约定支付工程款和劳务工资的时间、结算方式以及保证按期支付的相应措施,确保工程款和劳务工资的支付。

　　⑤ 分包工程发包人应当在订立分包合同后 7 个工作日内,将合同送工程所在地县级以上地方人民政府建设行政主管部门备案。分包合同发生重大变更的,分包工程发包人应当自变更后 7 个工作日内,将变更协议送原备案机关备案。

　　总包单位承担对分包单位的管理责任,因此,总包单位应在分包合同签订后 7 d 内向发包人和监理人提交分包合同副本。并向监理人提交分包人的主要施工管理人员表,并对分包人的施工人员进行实名制管理,包括但不限于进出场管理、登记造册以及各种证照的办理。监理工程师对施工分包审查合格后,签发"分包单位资格报审表",批准分包单位实施分包。

　　监理工程师应通过总包单位对分包单位进行管理,也可直接到分包单位检查。发现问题,应要求总包单位负责处理。

2. 禁止违法分包和转包

违法分包,指分包工程发包人将专业工程或者劳务作业分包给不具备相应资质条件的分包工程承包人的;或施工总承包合同中未有约定,又未经建设单位认可,分包工程发包人将承包工程中的部分专业工程分包给他人的。

工程转包,是指不行使承包人的管理职能,不承担技术经济责任,将所承包的工程进行转包;不履行合同约定,将其承包的全部工程发包给他人,或者将其承包的全部工程肢解后以分包的名义分别发包给他人的,均属于转包行为。分包工程发包人将工程分包后,未在施工现场设立项目管理机构和派驻相应人员,并未对该工程的施工活动进行组织管理的,视同转包行为。

工程转包,不仅违反合同,也违反我国有关法律和法规的规定。监理工程师对此应严格监控,一经发现,坚决制止。

6.7.6 工程保险和担保

1. 工程保险

土木工程实施阶段的保险,是指通过保险公司以收取保险费的形式收取保险基金,一旦发生自然灾害或意外事故,造成参加保险者财产损失或人员伤亡时,即用保险金给予补偿的一种制度。它的好处是参加保险者付出少量的保险金,以获得遭受大量损失时得到补偿的保障,从而增强抵御风险的能力。如上海轨道交通 4 号线工程,在地处 30 多米的地下深层采用冻结加固暗挖法施工旁通道工程时,2003 年 7 月 1 日发生坍塌事故,造成重大经济损失,保险公司预赔付就达 13 500 万元。因此,为规避风险,提高管理水平,开展工程保险工作十分必要。现在,国内各大保险公司开设了建筑工程一切险,安装工程一切险,建筑、安装工程险附加第三者责任险,雇主责任险,建设工程设计责任险,工程监理责任险等险种。

《建筑工程施工合同(示范文本)》(GF—2017—0201)对工程保险有如下规定。

(1) 除专用合同条款另有约定外,发包人应投保建筑工程一切险或安装工程一切险;发包人委托承包人投保的,因投保产生的保险费和其他相关费用由发包人承担。

(2) 工伤保险

① 发包人应依照法律规定参加工伤保险,并为在施工现场的全部员工办理工伤保险,缴纳工伤保险费,并要求监理人及由发包人为履行合同聘请的第三方依法参加工伤保险。

② 承包人应依照法律规定参加工伤保险,并为其履行合同的全部员工办理工伤保险,缴纳工伤保险费,并要求分包人及由承包人为履行合同聘请的第三方依法参加工伤保险。

(3) 其他保险

发包人和承包人可以为其施工现场的全部人员办理意外伤害保险并支付保险费,包括其员工及为履行合同聘请的第三方的人员,具体事项由合同当事人在专用合同条款约定。

除专用合同条款另有约定外,承包人应为其施工设备等办理财产保险。

监理工程师应根据合同有关规定,督促建设各方参加保险。

对施工单位主要检查以下内容:

① 保险的种类,一般应检查施工单位参加了哪些保险。

② 保险的数额。

③ 保险的有效期,应不少于合同工期或修订的合同工期。

④ 保险单及保险费收据确认施工单位已在合同规定的时间内提交建设单位,并保留复印件备查。

当监理工程师确认施工单位未在合同规定时间内,按合同规定的内容,向建设单位提交合格的保险单时,应采取如下措施:

① 指示施工单位尽快办理保险。

② 施工单位拒绝办理时通知建设单位补充办理保险。

③ 保险费由建设单位补充办理的,监理工程师应签发扣除施工单位相应费用的证明。

④ 如果建设单位未补办,监理工程师应书面通知施工单位和建设单位由此带来的危害。根据合同有关规定,未来发生的一切责任和费用将由责任方承担和赔偿,并督促其补办保险手续。

2. 担保

工程保证担保是控制工程建设履约风险的一种国际惯例,通过推行工程保证担保促使建设各方主体树立诚信守约意识,加强诚信履约的自觉性,是规范建筑市场秩序的一项重要举措,对规范工程承发包交易行为,防范和化解工程风险,遏制拖欠工程款和农民工工资,保证工程质量和安全等具有重要作用。

原建设部 2004 年 8 月发布的《关于在房地产开发项目中推行工程建设合同担保的若干规定(试行)》(建市〔2004〕137 号)中将担保分为投标担保、业主工程款支付担保、承包商履约担保和承包商付款担保(承包商向分包商、材料设备供应商、建设工人提供付款担保)四种,投标担保可采用投标保证金或保证的方式。业主工程款支付担保,承包商履约担保和承包商支付担保应采用保证的方式。

所谓保证方式,是指保证人和债权人约定,当债务人不履行债务时,保证人按照约定履行债务或者承担责任的行为。工程保证担保中由具有相应资格的银行业金融机构、专业担保公司作为保证人,为被保证人向债权人出具一定担保金额的保函,如果被保证人违约,则债权人有权要求保证人履行债务。

《建筑工程施工合同(示范文本)》(GF—2017—0201)规定:发包人要求承包人提供履约担保的,发包人应当向承包人提供支付担保。即双向担保。

工程建设合同担保的担保费用可计入工程造价。

6.8　竣工验收与质量保修期的监理服务

竣工验收与质量保修期的监理服务

6.8.1　建设工程竣工验收备案管理

根据《建设工程质量管理条例》,住房和城乡建设部相继发布了《房屋建筑和市政基础设施工程竣工验收备案管理办法》和《房屋建筑和市政基础设施工程竣工验收规定》,制定了建设工程的竣工验收由建设单位向当地建设行政主管部门备案的管理办法。备案管理的实质是对建设工程质量监督体制的改革,具有以下特点:

1. 竣工验收备案管理的特点

(1) 理顺了政府、工程建设参与各方在工程质量管理上的相互关系

备案制理顺了在市场经济条件下,政府、受政府委托的质量监督机构、工程建设参与各

方在工程质量管理上的相互关系,明确了政府对建设工程质量监督管理的主要任务是保证建设工程的使用安全和环境质量;主要依据是有关法律、法规和工程建设强制性标准;主要方式是政府认可的第三方强制监督;主要内容是地基基础、主体结构、环境质量和与此相关的工程建设各方主体的质量行为;主要手段是施工许可制度和竣工验收备案制度。

（2）突出了建设单位的竣工验收责任

备案制突出了建设单位的竣工验收责任,体现了我国现行工程项目建设管理体制的四大制度,即项目法人责任制、招标投标制、合同管理制、工程监理制中的首项制度的重要性。一般地,建设单位作为项目法人,必须对项目投资决策负责,当然也得对项目的建设质量负责。项目完成后是否达到预定要求,可否竣工验收,也应由建设单位做主,由自己负责组织实施。但建设单位要受到国家的法律、条例、规定、标准等的约束,不能随心所欲。

（3）扩大了质量监督站的监督职能

质量监督机构受地方建设行政主管部门的委托,过去在工程竣工验收中最突出的一条职责是核验工程质量等级。改为备案制度后,不再由质监站核验工程质量等级,但质监站不仅要到现场监督工程竣工验收,而且扩展到对竣工验收的组织形式、验收程序、执行验收标准等情况都要进行监督。在工程竣工验收合格之日起 15 d 内,还得向备案机关提交工程质量监督报告。可见,在监督过程中,质监站不仅要参与检查建设工程的实体质量,还要检查施工现场工程建设参与各方主体的质量行为,仍然有提出责令整改的权力。其监督功能不仅没有淡化,而是有所扩大。

（4）强调了建设工程参与各方的质量责任

备案制对于竣工验收的要求全面、规范。

① 施工单位在工程竣工时必须提出竣工报告和签署工程质量保修书,并经项目经理和施工单位有关负责人审核签字,对由建设行政主管部门及其委托的质监站等部门提出的责令整改的全部问题,都应整改完成。

② 实行监理的项目,应由监理单位提出工程质量评估报告,并经项目总监和监理单位有关负责人审核签字。

③ 勘察、设计单位提出质量检查报告,也需由有关负责人审核签字。

④ 城乡规划行政主管部门、公安消防、环保等部门均应出具认可文件或准许使用文件。

2. 竣工验收阶段的监理工作

根据监理委托合同,监理单位只能按授权范围开展监理工作,不能越位取代建设单位的有关职责、行使建设单位的有关权力,除非另有约定,这在竣工验收阶段应特别注意。一般情况下,监理单位在明确自身定位的基础上做好本职工作,并协助建设单位做好相应的工作。

（1）监理单位的本职工作

① 对工程质量进行评估,提出工程质量评估报告。

② 审核施工单位的技术档案和施工管理资料,并在施工单位向建设单位提交的工程竣工报告上签署监理意见。

③ 在竣工验收会议上,汇报监理合同履约情况。

④ 接受有关方面对监理档案资料的审查。

⑤ 在验收组全体人员共同签署的竣工验收书上签字。

（2）协助建设单位的工作

① 制订验收方案。

② 协助通知当地工程质量监督机构。

③ 协助取得城乡规划、公安消防、环保、安全监察等部门的认可文件或准用文件。

④ 协助组织竣工验收。

⑤ 记录、归纳建设、勘察、设计、施工、监理等参与各方的工程合同履约情况和执行法律、法规和标准等情况的汇总材料。

⑥ 协助审阅上述各参与方的工程档案资料。

⑦ 协助组织实地工程质量查验。

⑧ 协助发包人对工程勘察、设计、施工、设备安装质量和管理环节等方面做出全面评价，协调各方意见，起草竣工验收意见。

⑨ 协助编写工程竣工验收报告并收集有关文件。

⑩ 协助发包人向当地建设行政主管部门报送竣工验收备案文件。

3. 竣工验收阶段的监理工作要点

（1）协助建设单位审查竣工验收条件

① 对项目工程质量的检查、确认　总监理工程师应组织专业监理工程师，依据有关法律、法规、工程建设强制性标准、设计文件及施工合同，对承包人报送的竣工资料进行审查，并对工程质量进行检查，确认是否已完成工程设计和合同约定的各项内容，是否符合法律、法规和工程建设强制性标准的规定。对存在的问题，应及时要求承包人整改。整改完毕由总监理工程师签署工程竣工报验单。

② 对勘察、设计单位的设计变更单、联系单等设计有关文件进行检查确认　勘察、设计单位对勘察、设计文件及实施过程中由设计单位参加签署的更改原设计的资料进行检查，确认勘察、设计符合国家规范和标准要求，施工单位的工程质量达到设计要求。监理单位应对施工过程中发生形成的设计文件资料根据设计合同、国家规范、标准进行平行检查，确认文件符合规定，工程质量达到设计要求。

③ 对工程项目质量合格等级的核定　监理单位在施工单位自评合格，勘察、设计单位认可的基础上，对竣工工程质量进行检查并核定合格质量等级，并应在此基础上向建设单位提出工程质量评估报告。工程质量评估报告应经总监理工程师和监理单位技术负责人审核签字，并加盖公章。

④ 协助建设单位查阅工程项目全过程竣工档案资料：

a. 建设单位施工前期资料（项目审批、施工许可以及与工程建设参与各方有关的合同等）。

b. 施工阶段工程建设参与各方的档案资料。

c. 建设行政主管部门出具的认可文件。

⑤ 配合建设单位确认工程量、工程质量、支付工程款　工程项目竣工验收前监理单位应配合建设单位确认工程量、工程质量，为建设单位及时支付工程款提供依据，建设单位在工程竣工验收前应按合同约定支付工程款，并应有工程款支付证明。

⑥ 监理单位已与建设单位合同约定工程质量保修期监理的责任　施工单位和建设单位签署了工程质量保修书，监理单位和建设单位已合同约定工程质量保修期监理的责任年限、

范围、内容和权限。

⑦ 建设行政主管部门及其委托的建设工程质量监督机构等有关部门要求整改的问题，项目监理机构应要求承包人进行整改，至工程质量符合要求。由监理工程师会同参加验收的各方签署整改完成报验单。

（2）环境保护设施、安全设施、职业病防护设施的专项验收

① 环境保护设施验收　《建设项目环境保护管理条例》(2017年修订版)规定，编制环境影响报告书、环境影响报告表的建设项目竣工后，建设单位应当按照国务院环境保护行政主管部门规定的标准和程序，对配套建设的环境保护设施进行验收，编制验收报告。

建设项目需要配套建设的环境保护设施，必须与主体工程同时设计、同时施工、同时投产使用。分期建设、分期投入生产或者使用的建设项目，其相应的环境保护设施应当分期验收。编制环境影响报告书、环境影响报告表的建设项目，其配套建设的环境保护设施经验收合格，方可投入生产或者使用；未经验收或者验收不合格的，不得投入生产或者使用。

② 安全设施验收　国家发展和改革委员会、国家安监总局联合发布的《建设项目安全设施"三同时"监督管理办法》和《关于加强建设项目安全设施"三同时"工作的通知》规定：

工业建设项目安全设施竣工或者试运行完成后，生产经营单位应当委托具有相应资质的安全评价机构对安全设施进行验收评价，并编制建设项目安全验收评价报告。竣工投入生产或者使用前，应当向安全生产监督管理部门申请安全设施竣工验收。安全设施竣工验收不合格，不得投入生产或者使用。

③ 职业病防护设施验收　《建设项目职业病防护设施"三同时"监督管理办法》规定：建设单位在职业病防护设施验收前，应当编制验收方案。

属于职业病危害一般或者较重的建设项目，其建设单位主要负责人或其指定的负责人应当组织职业卫生专业技术人员对职业病危害控制效果评价报告进行评审以及对职业病防护设施进行验收，并形成是否符合职业病防治有关法律、法规、规章和标准要求的评审意见和验收意见。属于职业病危害严重的建设项目，其建设单位主要负责人或其指定的负责人应当组织外单位职业卫生专业技术人员参加评审和验收工作，并形成评审和验收意见。

建设项目职业病防护设施未按照规定验收合格的，不得投入生产或者使用。

（3）协助建设单位完成竣工验收条件

① 组成验收组，制定验收方案　工程完工，建设单位收到施工单位的工程质量竣工报告，勘察、设计单位的工程质量检查报告，监理单位的工程质量评估报告后，对符合竣工验收要求的工程，应组织勘察、设计、施工、监理等单位和其他有关方面的专家组成验收组。

②《建设工程竣工验收备案表》和《建设工程竣工验收报告》的申领　监理单位应协助建设单位在工程竣工验收7 d前，向建设工程质量监督机构申领《建设工程竣工验收备案表》和《建设工程竣工验收报告》，并同时将竣工验收时间、地点及验收组人员名单书面通知建设工程质量监督机构。

③ 工程竣工验收条件和资料的审查　建设工程质量监督机构对工程竣工验收条件和资料进行审查，不符合要求的，通知建设单位整改，并重新确定竣工验收时间。

（4）协助建设单位完成工程竣工验收的实施

① 监理单位应协助建设单位做好竣工验收各项工作。

② 建设、勘察、设计、施工、监理单位分别汇报工程合同履约情况和在工程建设各个环节执行法律、法规和工程建设强制性标准的情况。

③ 验收组人员审阅建设、勘察、设计、施工、监理单位的工程档案资料。

④ 实地查验工程质量。

⑤ 对工程勘察、设计、施工、监理单位各管理环节和工程实物质量等方面做出全面评价，形成经验收组人员签署的工程竣工验收意见。

a. 单位（子单位）工程质量竣工验收记录由施工单位填写，验收结论由监理（建设）单位填写，综合验收结论由参加验收各方共同商定，建设单位填写（应对工程质量是否符合设计和规范要求及总体质量水平做出评价，各方签名并加盖公章）。

b. 单位（子单位）工程质量控制资料核查记录由施工单位填写，监理单位专业监理工程师核查，并在核查意见栏内签署意见，在核查人栏内签名，总监理工程师（建设单位项目负责人）在结论栏内签名。

c. 单位（子单位）工程安全功能检验资料核查及主要功能抽查记录，由专业监理工程师核查，总监理工程师在结论栏签字。抽查项目由验收组协商确定。

d. 单位（子单位）工程观感质量检查记录，由总监理工程师（建设单位项目负责人）在结论栏内签字。质量评价为差的项目，应进行维修。

（5）竣工验收意见不一致时的解决方法

参与工程竣工验收的建设、勘察、设计、施工、监理等各方不能形成一致意见时，应当协商提出解决的方法，待意见一致后，重新组织工程竣工验收，当不能协商解决时，由建设行政主管部门或者其委托的建设工程质量监督机构裁决。

（6）监理单位竣工验收备案工作

工程竣工验收合格后，监理单位应在《房屋建筑工程和市政基础设施工程竣工验收备案表》"竣工验收意见栏"监理单位意见一栏中填写对工程质量验收的意见，并填上工程核定质量等级，填写完毕，由总监理工程师和企业法定代表人分别签字并加盖监理单位企业公章。

（7）监理单位竣工验收备案资料填写

① 监理单位工程质量评估报告中监理单位质量验收意见：

a. 监理单位的质量责任行为应填写：依法承揽工程情况，签订书面合同资质相符，建立以总监为中心的现场质量保证体系，制定专业人员岗位责任制，对隐蔽工程、分项、分部工程或工序及时进行验收签证的情况。

b. 监理单位执行工程监理规范的情况。

c. 在施工过程中，执行国家有关法律、法规、强制性标准、强制性条文和设计文件、承包合同的情况。如：是否严格执行工程报验制度，建筑材料进场检验制，取证取样制等。

d. 施工过程中签发"监理工程师通知单""监理工程师通知回复单"以及监督机构签发的"质量问题整改通知单"是否监督施工单位按要求、按时限落实整改，并组织复查认可。

e. 对工程质量等级核定情况。

f. 对工程遗留质量缺陷的处理意见。

　　g. 执行旁站、巡视、平行检验监理形式的情况。

　　h. 其他需要说明的情况。

　　② 监理单位工程质量评估报告(合格证明书)应由总监理工程师签字并加盖监理单位公章。

　　③ 竣工验收备案表中竣工验收意见栏,监理单位意见的填写应明确"经核查"该工程质量是否符合下列要求:

　　a. 我国现行法律、法规的要求。

　　b. 我国现行工程建设强制性标准的要求。

　　c. 设计文件的要求。

　　d. 工程质量缺陷(或质量事故)施工单位已按设计方案处理。

　　e. 质量控制资料有效、齐全。

　　④ 核定合格质量等级。

　　⑤ 监理单位意见栏应由总监理工程师和企业法定代表人签字,并加盖监理单位公章。

6.8.2　工程质量保修期的监理服务

1. 保修期监理的依据和工作重点

　　房屋建筑工程质量保修,是指对房屋建筑工程竣工验收后在保修期限内出现的质量缺陷,予以修复。质量缺陷,则是指房屋建筑工程的质量不符合工程建设强制性标准以及合同的约定。保修期的监理服务应依据《建设工程监理规范》(GB/T 50319—2013)、《建设工程委托监理合同》《建设工程施工合同》以及设计文件、工程质量验评标准进行。为了保证保修及时和保证质量,《建设工程施工合同(示范文本)》(GF—2017—0201)应规定工程质量的保修期,保修期从工程竣工验收合格之日起算,具体分部分项工程的保修期由合同当事人在专用合同条款中约定,但不得低于法定最低保修年限。在工程保修期内,承包人应当根据有关法律规定以及合同约定承担保修责任。发包人未经竣工验收擅自使用工程的,保修期自转移占有之日起算。经过发包人与承包人协商,也可以签订专项工程保修合同。

2. 保修期监理工作的重点

　　保修阶段的监理工作重点应根据具体工程对象和工程使用状况确定。对一般建筑工程应注意:

　　① 对应进行沉降观测的建筑物,应关注其观测成果和观测方法、技术要求以及是否已沉降稳定,如发现异常情况,应通知设计和质监部门进行分析研究处理。

　　② 对工程质量问题和质量缺陷进行调查,重点是楼地面、墙面、天棚以及门窗工程。

　　③ 调查屋面、浴厕间、外墙面防水效果。

　　④ 给水管及排水管有无渗漏以及卫生洁具使用状况。

3. 监理工作的方法及措施

　　① 在单位工程竣工验收时,督促承包人向发包人方提交《质量保修书》,其内容为具体保修项目、期限以及有关承诺。

　　② 工程进入保修阶段,承包人已撤离现场,因此,一般也不再设项目监理机构,而是

根据工程项目大小,在参加该项目施工阶段监理工作的监理人员中保留必要的人员负责即可。

③ 定期回访,监理工程师要对工程使用及质量情况定期进行回访。并宜在气候突然变化(台风、暴雨、冬期低温)后组织使用单位进行一次检查。

④ 对发现的质量问题,监理工程师应对其原因进行详细调查分析,在确定质量缺陷的事实基础上确定责任归属。因承包人原因造成工程的缺陷、损坏,承包人应负责修复,并承担修复的费用以及因工程的缺陷、损坏造成的人身伤害和财产损失;因发包人使用不当造成工程的缺陷、损坏,可以委托承包人修复,但发包人应承担修复的费用,并支付承包人合理利润;因其他原因造成工程的缺陷、损坏,可以委托承包人修复,发包人应承担修复的费用,并支付承包人合理的利润,因工程的缺陷、损坏造成的人身伤害和财产损失由责任方承担。

⑤ 对需要承包人予以修复的,应书面通知承包人,但情况紧急必须立即修复缺陷或损坏的,可以口头通知承包人并在口头通知后48小时内书面确认,承包人应在专用合同条款约定的合理期限内到达工程现场并修复缺陷或损坏。对修复过程,监理工程师应监督实施,合格后予以签认。

⑥ 因承包人原因造成工程的缺陷或损坏,承包人拒绝维修或未能在合理期限内修复缺陷或损坏,且经书面催告后仍未修复的,发包人有权自行修复或委托第三方修复,所需费用由承包人承担。但修复范围超出缺陷或损坏范围的,超出范围部分的修复费用由发包人承担。

⑦ 对非施工单位原因造成的工程质量缺陷,监理工程师应核实修复工程费用,签发工程款支付证书,并报建设单位。

6.9 施工阶段其他监理服务

在建设工程的施工阶段,受发包人的委托,监理人还可能从事诸如环境保护、节能工程、绿色建筑和绿色施工方面的监理服务。

施工阶段
其他监理
服务

6.9.1 环境保护监理

《中华人民共和国环境保护法》规定,建设项目中防治污染的措施,必须与主体工程同时设计、同时施工、同时投产使用。

建设单位要承担对建设项目的环境保护责任,建设项目的环境保护可以分为两个方面,一是项目建设完成投入运营后产生的环境污染问题;二是项目施工过程中产生的环境污染问题。因此,建设单位有可能采取两种方式来履行其环境保护责任,对环境影响严重的建设项目,委托专门的环境监理;对环境影响较轻的建设项目,委托建设监理对施工过程的环境保护实施监理。

1. 环境监理

环境监理是建设单位委托具有相应环境监理资质的监理单位作为第三方,依据有关环境保护的法律、法规、政策、技术标准以及经批准的设计文件、投标文件和依法签订的环境监理、施工承包合同等,对工程建设期的环境保护工作进行监督管理。

2. 施工过程的环境保护监管

专门的环境监理不属于本书讲述的范畴,而对施工期间的环境保护,应当引起建设监理的重视。

《环境保护法》明确,一切单位和个人都有保护环境的义务。《建筑法》规定,建筑施工企业应当遵守有关环境保护和安全生产的法律、法规的规定,采取控制和处理施工现场的各种粉尘、废气、废水、固体废物以及噪声、振动对环境的污染和危害的措施。

施工过程的环境保护监管对房屋建筑工程而言就是防止大气污染、防止水污染、防止噪声污染、防止固体废弃物污染和防止光污染。

（1）防止大气污染

《大气污染防治法》规定,在城市市区进行建设施工或者从事其他产生扬尘污染活动的单位,必须按照当地环境保护的规定,采取防治扬尘污染的措施。运输、装卸、贮存能够散发有毒有害气体或者粉尘物质的,必须采取密闭措施或者其他防护措施。在人口集中地区和其他依法需要特殊保护的区域内,禁止焚烧沥青、油毡、橡胶、塑料、皮革、垃圾以及其他产生有毒有害烟尘和恶臭气体的物质。

（2）防止水污染

水污染防治包括江河、湖泊、运河、渠道、水库等地表水体以及地下水体的污染防治。《水污染防治法》规定,禁止向水体排放油类、酸液、碱液或者剧毒废液。禁止在水体清洗装贮过油类或者有毒污染物的车辆和容器。兴建地下工程设施或者进行地下勘探、采矿等活动,应当采取防护性措施,防止地下水污染。人工回灌补给地下水,不得恶化地下水质。

（3）防止噪声污染

《环境噪声污染防治法》规定,在城市市区范围内向周围生活环境排放建筑施工噪声的,应当符合国家规定的建筑施工场界环境噪声排放标准。按照《建筑施工场界环境噪声排放标准》（GB 12523—2011）的规定,建筑施工过程中场界环境噪声排放不得超过限值为:昼间 70 dB（A）,夜间 55 dB（A）。所谓夜间,是指晚 22：00 至次日 6：00 之间的时段。

（4）防止固体废弃物污染

施工现场的固体废弃物主要是建筑垃圾和生活垃圾。《固体废物污染环境防治法》规定,产生固体废弃物的单位和个人,应当采取措施,防止或者减少固体废弃物对环境的污染。收集、贮存、运输、利用、处置固体废弃物的单位和个人,必须采取防扬散、防流失、防渗漏或者其他防止污染环境的措施;不得擅自倾倒、堆放、丢弃、遗撒固体废弃物。禁止任何单位或者个人向江河、湖泊、运河、渠道、水库及其最高水位线以下的滩地和岸坡等法律、法规规定禁止倾倒、堆放废弃物的地点倾倒、堆放固体废弃物。工程施工单位应当及时清运工程施工过程中产生的固体废弃物,并按照环境卫生行政主管部门的规定进行利用或者处置。

（5）防止光污染

光污染是指现代城市建筑和夜间照明产生的溢散光、反射光和眩光等对人、动物、植物造成干扰或负面影响的现象,国际上将光污染分成三类,即白亮污染、人工白昼和彩光污染。我国各地发生过多起市民投诉建筑光污染和建筑施工工地光污染的事件,尽管目前关于光污染在我国法律体系中还基本属于空白,但在《绿色施工导则》中提出了光污染控制的措施。

6.9.2 节能工程监理

节约能源是我国的基本国策。建筑节能已成为全社会节能的重点领域之一。近年来我国有关建筑节能的法律法规、标准规范日臻完善。对监理单位提出了更高的要求。加强建筑节能分部工程的监理,是监理从业人员面临的重要课题。

《节约能源法》规定,建筑工程的建设、设计、施工和监理单位应当遵守建筑节能标准。

《民用建筑节能条例》规定设计单位、施工单位、工程监理单位及其注册执业人员,应当按照民用建筑节能强制性标准进行设计、施工、监理。

1. 施工准备阶段节能监理要点

（1）熟悉有关建筑节能的法律法规、规范性文件及标准规范

主要的建筑节能部门规章和规范性文件有《民用建筑节能管理规定》（建设部令第143 号）及《民用建筑工程节能质量监督管理办法》（建质［2006］192 号）等。

（2）图纸会审

图纸会审应重点审查设计文件是否符合民用建筑节能强制性标准。其要点如下:

① 设计图纸是否加盖设计单位及设计人员的建筑节能设计专用章,设计图纸总说明是否有节能专篇。

② 体形系数、窗墙比、传热系数等指标,是否满足标准要求。

③ 工程做法表、大样图是否与节能专篇表述一致,节能措施是否明确具体、细部到位。

④ 节能材料指标是否明确。

⑤ 采暖（空调）方式和系统、电气照度、照明方式、控制方式及设备选用是否满足节能标准要求。

⑥ 设计是否使用了限制或禁止使用的技术、设备、材料和产品。

⑦ 图纸会审时不得擅自改变或降低节能设计标准。

（3）工程节能专项方案审查

项目监理部应认真审查施工单位提交的建筑节能专项施工方案。未经审查同意,不得进行施工作业。

（4）编制节能监理方案及节能监理细则

项目监理部应编制包括节能监理方案的监理规划及专项节能监理实施细则。方案及细则应结合工程特点,明确工程节能的概况及特点、节能监理工作的流程、节能监理工作的控制要点及目标值、节能监理工作的方法及措施,做到详细具体,具有针对性和可操作性。

2. 施工阶段节能监理要点

（1）材料、构配件和设备的验收

① 项目监理机构在对涉及建筑节能的围护结构、墙体材料、门窗产品、保温材料、采暖空调系统、供热计量装置、室内温度调控装置、供热系统调控装置、照明设备及其他节能产品与设备进行验收时,应查验产品合格证,建筑节能技术（产品）认定证书、型式检验报告、产品说明书及产品标识,确保产品说明书和产品标识上注明的规格、型号、能耗指标符合建筑节能标准及设计文件要求。

② 按照《建筑节能工程施工质量验收规范》(GB 50411—2019)的规定,对节能工程材料、构配件及设备进行现场见证取样,并送至具有相应资质等级的质量检测单位进行检测,确保复检项目、取样方法及数量满足规定要求。

③ 不得在建筑物中使用列入禁止目录的节能材料、构配件。

(2)节能设计变更

① 所有有关节能的设计变更,必须经原设计单位出具变更文件后方可实施。

② 项目监理机构在审查和处理设计变更时,要注意不得擅自改变或降低节能设计标准;否则,必须经审图机构重新审查。

(3)节能工程施工过程监理

① 项目监理部应按照法律法规、建筑节能标准、审查合格的节能设计文件及节能专项方案,采取旁站、巡视和平行检验等形式对建筑节能施工过程实施严格监理,特别应当加强对易产生热桥和热工缺陷的墙体、屋面保温工程等重要部位的质量控制。

② 对违反规定擅自改变节能设计、不做或少做节能措施、未按节能设计进行施工、选用未获得标识的建筑节能产品和技术等不符合节能规定要求的施工,应要求施工单位立即改正。

③ 对涉及建筑节能的隐蔽工程,项目监理部应在施工单位自检合格的基础上,组织隐蔽工程验收,验收合格,方可隐蔽。

④ 对施工单位拒不整改或未经监理签字认可擅自进行下一道工序的节能工程施工,应当及时报告建设单位,并向有关主管部门报告。

(4)验收阶段节能监理

项目监理部应参加建设单位组织的节能专项验收,对民用建筑是否符合民用建筑节能强制性标准进行查验,并提交专项建筑节能质量评估报告。

工程竣工验收监理质量评估报告中应包含建筑节能施工质量的专项评估内容。在工程竣工验收报告中,应当注明建筑节能的实施内容。

6.9.3 绿色施工监理

绿色施工是指工程建设中,在保证质量、安全等基本要求的前提下,通过科学管理和技术进步,最大限度地节约资源并减少对环境负面影响的施工活动,实现节能、节地、节水、节材和环境保护("四节一环保")。

绿色建筑是指在建筑的全寿命周期内,最大限度地节约资源(节能、节地、节水、节材)、保护环境和减少污染,为人们提供健康、适用和高效的使用空间,与自然和谐共生的建筑。

绿色建筑不见得通过绿色施工才能完成,而绿色施工成果也不一定是绿色建筑。严格地说,绿色建筑应该包括绿色施工。

监理单位应充分认识绿色施工的意义和对绿色施工管理承担的监理责任,加强教育和培训,重视提高监理工程师自身素质,自觉贯彻绿色施工理念。按《建筑工程绿色施工评价标准》(GB/T 50640—2010)要求,从施工单位的组织管理、规划管理、实施管理、评价管理和人员安全与健康管理五个方面开展绿色施工监理工作。

1. 施工准备阶段绿色施工监理要点

① 根据《绿色施工导则》的规定,按照与绿色施工有关的强制性标准及规程规范的要求,编制包括绿色施工监理内容的项目监理规划,明确绿色施工监理的范围、内容、工作程序和制度措施,以及人员配备计划和职责等。对中型及以上项目,监理单位应当编制绿色施工监理实施细则。实施细则应当明确绿色监理工作的方法、措施、工作流程、控制要点和评价指标,以及对承包人绿色施工技术措施的检查方案。

② 监理单位应监督检查:施工单位是否建立了绿色施工管理体系并制定了相应的管理制度与目标,是否落实了绿色施工责任制并配备了专职绿色施工管理人员。应督促施工单位检查各分包单位的绿色施工规章制度的建立情况。

③ 监理单位应审查施工单位资质和与绿色施工有关的生产许可证是否合法有效;审查项目经理和专职绿色施工管理人员是否具备合法资格,是否与投标文件相一致;审核特种作业人员的特种作业操作资格证书是否合法有效。

④ 监理人在审查施工单位的施工组织设计时,审查施工单位是否编制了独立成章的绿色施工方案,绿色施工方案的内容是否符合《绿色施工导则》的要求,绿色施工方案是否符合工程建设强制性标准要求。审核施工单位绿色施工应急救援预案和绿色施工措施费用使用计划。

绿色施工方案的主要内容包括:

a. 环境保护措施——制定环境管理计划及应急救援预案,采取有效措施,降低环境负荷,保护地下设施和文物等资源。

b. 节材措施——在保证工程安全与质量的前提下,制定节材措施,如进行施工方案的节材优化,建筑垃圾减量化,尽量利用可循环材料等。

c. 节水措施——根据工程所在地的水资源状况,制定节水措施。

d. 节能措施——进行施工节能策划,确定目标,制定节能措施。

e. 节地与施工用地保护措施——制定临时用地指标、施工总平面布置规划及临时用地节地措施等。

f. 人员安全与健康施工措施——从施工场地布置、劳动防护、生活环境和条件、医疗防疫、健康检查与治疗等方面,制定保障施工人员安全与健康的施工措施。

2. 施工阶段绿色施工监理要点

① 制定绿色施工监理控制节点、评价内容和标准。

② 监督施工单位按照施工组织设计中的绿色施工技术措施和专项施工方案组织施工,及时制止违规施工作业。

③ 对整个施工过程实施动态管理,定期巡视检查施工过程中的绿色施工工序作业情况。

④ 核查施工现场主要施工设备是否符合绿色施工要求。

⑤ 检查施工现场各种施工标志和绿色施工防护措施是否符合强制性标准要求。

⑥ 督促施工单位进行绿色施工自查工作,并对施工单位自查情况进行抽查,参加建设单位组织的绿色施工专项检查。

⑦ 督促施工单位制定施工防尘、防毒、防辐射等职业危害的措施,保障施工人员的长期职业健康。

⑧ 检查施工单位是否合理布置施工场地,保护生活及办公区不受施工活动的有害影响。督促施工单位在施工现场建立卫生急救、保健防疫制度,在安全事故和疾病疫情出现时提供及时救助。

⑨ 督促施工单位提供卫生、健康的工作与生活环境,加强对施工人员的住宿、膳食、饮用水等生活与环境卫生等管理,改善施工人员的生活条件。

⑩ 督促施工单位结合工程项目的特点,有针对性地对绿色施工作相应的宣传,通过宣传营造绿色施工的氛围。

⑪ 督促施工单位定期对职工进行绿色施工知识培训,增强职工绿色施工意识。

3. 竣工验收阶段绿色施工监理要点

① 督促施工单位对照《绿色施工导则》的指标体系,结合工程特点,对绿色施工的效果及采用的新技术、新设备、新材料与新工艺,进行自评估。审查施工单位报送的含绿色施工内容的竣工资料。协助发包人组织专家评估小组,对绿色施工方案、实施过程至项目竣工,进行综合评估。

② 及时组织包括绿色施工内容的工程预验收。对预验收中存在的问题,督促施工单位做好整改工作。

③ 总结施工过程中有效的绿色施工监理措施,查找控制不力或不足的环节,提出改进意见。

思考题

1. 建设工程在施工阶段的特点有哪些?
2. 试述施工准备阶段监理的主要工作。
3. 图纸会审的内容有哪些?
4. 施工质量控制的任务有哪些? 控制要点有哪些? 控制的方法有哪些?
5. 旁站和见证有何不同?
6. 工地会议有哪些形式?
7. 监理员的主要工作职责有哪些? 在工作方法、做法方面应注意什么?
8. 监理工程师按什么原则处理质量缺陷和一般质量事故?
9. 发生工程质量重大事故时,监理工程师应如何处置?
10. 施工阶段投资控制的任务有哪些? 控制的要点有哪些?
11. 监理工程师在施工阶段进度控制的主要工作有哪些? 控制的要点有哪些?
12. 在哪些情况下,总监理工程师可签发工程暂停令?
13. 监理工程师对施工安全承担责任吗?
14. 工程变更可能有哪些原因?
15. 什么叫索赔? 索赔有哪些种类? 监理工程师处理索赔应遵循哪些原则?
16. 竣工验收阶段的监理工作有哪些内容?
17. 工程保修期监理工作的重点有哪些?
18. 工程延期与延误有何不同?

19. 合同争议的处理原则有哪些？
20. 工程分包与工程转包有何不同？
21. 竣工验收阶段的监理工作有哪些内容？
22. 工程保修期监理工作的重点有哪些？
23. 建筑施工过程主要存在哪些方面的环境污染？如何防止？
24. 简述施工准备阶段节能监理要点和施工阶段节能监理要点。
25. 绿色施工包括哪几个主要的方面？
26. 简述施工准备阶段绿色施工监理要点。

第7章

建设工程监理工作文件

7.1 监理大纲

监理大纲,又称监理方案或监理工作大纲,是监理企业在发包人开始委托监理的过程中,特别是在发包人进行监理招标过程中,为承揽到监理业务,针对发包人计划委托的监理工程的特点,根据监理招标文件所确定的工作范围,编写的监理方案性文件。

监理大纲

发包人通过监理大纲可以了解到,该监理单位针对拟监理的项目将做什么、怎样做、谁做,以及结果是什么,这些情况无疑对发包人进行委托监理选择和决策起着相当重要的作用。因此,监理大纲的主要作用有两个:一是使发包人认可大纲中的监理方案,从而承揽到监理业务;二是为今后开展监理工作制定初步方案。

监理大纲的具体内容有:

① 项目概况。

② 监理工作的指导思想和监理工作的目标。

③ 项目监理机构的组织形式。

④ 项目监理机构的人员组成(包括主要人员情况介绍,尤其是项目总监理工程师及其代表的资质情况介绍)。

⑤ 投资控制的工作任务与方法。

⑥ 进度(工期)控制的工作任务与方法。

⑦ 质量控制的工作任务与方法。

⑧ 合同管理的工作任务与方法。

⑨ 信息管理的工作任务与方法。

⑩ 组织协调的任务和做法。

⑪ 监理装备与监理手段。

⑫ 监理人员的职责及工作制度。

⑬ 监理报告(监理报表)目录及主要监理报告格式等。

编制监理大纲的重点主要放在监理方法及措施、监理手段和装备这两项内容上。

为使监理大纲的内容和监理实施过程紧密结合,监理大纲的编制人员应当是监理企业经营部门或技术管理部门人员,也应包括拟定的总监理工程师。总监理工程师参与编制监理大纲有利于今后监理规划的编制。

7.2 监理规划

建设工程监理规划是监理单位接受发包人委托后,编制的指导项目监理组织全面开展监理工作的指导性文件,它是在项目监理机构充分分析和研究工程项目的目标、技术、管理、环境以及参与工程建设各方等的情况后,制定的指导工程项目监理工作的实施性方案。

监理规划应在签订委托监理合同及收到设计文件后开始编制,并应在召开第一次工地会议前报送建设单位。

7.2.1 监理规划的作用和编制要求

监理规划的概念及作用

1. 建设工程监理规划的作用

（1）指导监理单位的项目监理组织全面开展监理工作

监理规划需要对项目监理机构开展的各项监理工作做出全面、系统的组织和安排。它包括确定监理工作目标,制定监理工作程序,确定目标控制、合同管理、信息管理、组织协调等各项工作措施和确定各项工作的方法和手段。其基本作用就是指导项目监理机构全面开展监理工作。

（2）监理规划是发包人确认监理企业全面、认真履行合同的主要依据

监理企业如何履行监理合同,如何落实发包人委托监理企业所承担的各项监理服务工作,作为监理的委托方,发包人不但需要而且应当了解和确认。同时,发包人有权监督监理企业全面、认真执行监理合同。而监理规划正是发包人了解和确认这些情况的重要资料,是发包人确认监理企业是否履行监理合同的依据性文件。

（3）监理规划是监理企业内部考核的依据和重要的存档资料

从监理企业内部管理制度化、规范化、科学化的要求出发,需要对各项目监理机构(包括总监理工程师和专业监理工程师)的工作进行考核,其主要依据就是经过企业内部主管负责人审批的监理企业监理规划。通过考核,可以对有关监理人员的监理工作水平和能力作出客观、正确的评价,从而有利于今后在其他工程上更加合理地安排监理人员,提高监理工作效率。

从建设工程监理控制的过程可知,监理规划的内容必然随着工程的进展而逐步调整、补充和完善。它在一定程度上真实地反映了建设工程监理工作的全貌,是最好的监理工作过程记录。因此,它也是每一家工程监理企业的重要存档资料。

（4）监理规划是工程监理主管机构对监理企业监督管理的依据

政府建设监理主管机构对建设工程监理企业要实施监督、管理和指导职能,对其人员素质、专业配套和建设工程监理业绩要进行核查和考评以确认其资质和资质等级。要做到这一点,除了进行一般性的资质管理工作之外,更为重要的是通过对监理企业的实际监理工作的考核来认定它的水平。这可以从监理规划和它的实施中充分地表现出来。因此,政府建设监理主管机构对监理企业进行考核时,应当十分重视对监理规划的检查,也就是说,监理规划是政府建设监理主管机构监督、管理和指导监理企业开展监理活动的重要依据。

监理规划的编制要求、依据及内容

2. 建设工程监理规划编写要求

（1）基本构成内容应当统一

监理规划的基本内容组成应当统一,即围绕"三控制,三管理,一协调"来阐述项目监理

工作的组织、控制、方法、措施等内容,这是监理工作规范化、制度化、科学化的要求。

（2）具体内容应具有指导性和针对性

一个具体建设工程的监理规划,应当根据监理企业与发包人签订的监理合同所确定的监理实际范围和深度,要结合每个工程独有的特点来编写,各项具体的内容要有针对性。只有具有针对性,建设工程监理规划才能真正起到指导具体监理工作的作用。而且,每一个监理企业和每一位总监理工程师对一个具体建设工程在监理思想、监理方法和监理手段等方面都会有自己的独到见解。因此,不同的监理企业和不同的监理工程师在编写监理规划的具体内容时,应当体现出自己鲜明的特色。

（3）监理规划应当遵循建设工程的运行规律

编写监理规划需要不断地收集大量的编写信息。随着工程建设实施的不断进展,工程信息量越来越多,监理规划的内容也越来越趋于完整。因此,监理规划的编写需要有一个过程,需要将编写的整个过程按工程实施划分为若干个阶段,分阶段编写,随着建设工程的开展进行不断的调整、补充、修改和完善,使监理规划能够动态地控制整个建设工程的正常进行。

（4）项目总监理工程师是监理规划编写的主持人

监理规划应当在项目总监理工程师主持下编写制定,这是工程建设监理实行项目总监理工程师负责制的要求。具体编写过程中应有专业监理工程师的共同参与,还应当听取项目发包人和被监理方的意见,特别是富有经验的承包人的意见。

（5）监理规划的表达方式应当格式化、标准化

现代科学管理讲求效率、效能和效益,其表现之一就是使控制活动的表达方式格式化、标准化,选择图、表和简单的文字说明来表述监理规划,明确、简洁、直观,是应当采用的基本方法。至于什么样的表格、图示以及哪些内容需要采用简单的文字说明,监理企业应当作出统一规定。

（6）监理规划应该经过审核

监理规划在编写完成后需进行审核并经批准。监理企业的技术负责人应当签认,同时还应当按合同约定提交给发包人,由发包人确认并监督实施。

3.监理规划编写的依据

（1）工程建设方面的法律、法规

工程建设方面的法律、法规具体包括三个层次:

① 国家颁布的有关工程建设的法律、法规和政策。

② 工程所在地或所属部门颁布的工程建设相关的地方性或行业性法规、规定和政策。

③ 工程建设的各种标准、规范。

（2）建设工程外部环境调查研究资料

① 自然条件方面的资料　建设工程所在地的地质、水文、气象、地形以及自然灾害发生情况等方面的资料。

② 社会和经济条件方面的资料　建设工程所在地社会环境情况、建筑市场状况、相关单位(勘察和设计单位、施工单位、材料和设备供应单位、工程咨询和建设工程监理企业)、基础设施(交通设施、通信设施、公用设施、能源设施)、金融市场情况等方面的资料。

（3）政府批准的工程建设文件

① 政府工程建设主管部门批准的可行性研究报告、立项批文。

② 政府规划部门确定的规划条件、土地使用条件、环境保护要求、市政管理规定。

（4）建设工程监理合同

在编写监理规划时，必须依据建设工程监理合同中的以下内容：监理企业和监理工程师的权利和义务，监理工作范围和内容，有关建设工程监理规划方面的要求。

（5）其他建设工程合同

在编写监理规划时，也要考虑其他建设工程合同关于发包人和承建单位权利和义务的内容。

（6）发包人的正当要求

根据监理企业应竭诚为客户服务的宗旨，在不超出合同职责范围的前提下，监理企业应最大限度地满足发包人的正当要求。

（7）监理大纲

监理大纲中的监理组织计划，拟投入的主要监理人员，投资、进度、质量控制方案，合同管理方案，信息管理方案，定期提交给发包人的监理工作阶段性成果等内容都是监理规划编写的依据。

（8）工程实施过程输出的有关工程信息

这方面的内容包括：方案设计、初步设计、施工图设计文件，工程招标投标情况，工程实施状况，重大工程变更，外部环境变化等。

7.2.2　监理规划的内容

《建设工程监理规范》（GB/T 50319—2013）规定的监理规划应包括的主要内容有十二个方面。

1. 工程项目概况

建设工程项目的概况应包括：

① 建设工程名称。

② 建设工程地点。

③ 建设工程组成及建筑规模。

④ 主要建筑结构类型。

⑤ 预计工程投资总额。

⑥ 建设工程计划工期。

⑦ 工程质量要求。应具体提出建设工程的质量目标要求。

⑧ 建设工程设计单位及施工单位名称。

⑨ 建设工程项目结构图与编码系统。

2. 监理工作的范围、内容、目标

（1）监理范围

如果监理企业承担全部建设工程的监理任务，监理范围为全部建设工程，否则应按监理企业所承担的建设工程的阶段或子项目划分、确定建设工程监理范围。

（2）监理工作内容

根据监理工作范围，围绕"三控制，三管理，一协调"，有针对性地将监理工作的具体内容表述清楚。要有安全监理的内容,明确安全监理的范围、内容、工作程序和制度措施,以及人员配备计划和职责等。

（3）监理工作目标

建设工程监理目标是指监理企业所承担的建设工程的监理控制预期达到的目标。通常以建设工程的投资、进度、质量三大目标的控制值来表示。

① 投资控制目标　以××××年预算为基价,静态投资以×××万元(合同承包价为×××万元)。

② 工期控制目标　××个月或自××××年××月××日至××××年××月××日。

③ 质量控制目标　建设工程质量合格及业主的其他要求。

3. 监理工作依据

① 工程建设方面的法律、法规。

② 政府批准的工程建设文件。

③ 建设工程监理合同。

④ 其他建设工程合同。

4. 项目监理机构的组织形式、人员配备及进场计划

（1）现场监理机构的组织形式

项目监理机构的组织形式和规模,应根据委托监理合同规定的服务内容、服务期限、工程类别、规模、技术复杂程度、工程环境等因素确定,并宜用组织机构图表示。

（2）监理人员配备及进场计划

监理人员应包括总监理工程师、专业监理工程师和监理员,必要时可配备总监理工程师代表。

项目监理机构的监理人员应专业配套,数量满足工程项目监理工作的需要。

项目监理机构的人员配备应根据建设工程的建设进程合理安排人员的进场计划。

5. 工程质量控制

包括:工程质量控制的原则、基本程序、质量控制方法,事前预控措施、施工过程中的质量控制措施、事后把关控制及质量事故的处理等内容。

6. 工程造价控制

包括:工程造价控制的依据、原则、基本程序和控制方法,以及计量支付、工程款结算管理等内容。

7. 工程进度控制

包括:工程进度控制的原则、基本程序、进度控制的组织措施、技术措施和控制方法等内容。

8. 合同与信息管理

包括:施工暂停与复工、工程变更、索赔管理的原则、基本程序和控制方法,以及信息管理的规则、制度责任人等内容。

9. 组织协调

包括:监理协调工作的范围、内容、原则、工作程序、措施和方法,以及相应人员的职责。

10. 安全生产管理职责

规划要明确安全管理的范围、内容、工作程序和制度措施,以及相应的人员职责等。实际中,往往出现"监理工作方法及措施"的内容与"监理工作内容"相重复,造成规划脉络不

够清晰,不便于理解。因此,要分清"监理工作内容"说明的是监理要做哪些工作,而"监理工作方法及措施"要说明的是监理怎么做那些工作,一定意义上是对工作内容的逐一展开表述。

11. 监理工作制度

监理工作制度有两个方面的内容:一是项目监理机构对外的工作制度,如工程材料半成品质量检验制度、设计变更处理制度等;二是项目监理机构内部工作制度,如对外行文审批制度、监理周报月报制度等。

12. 监理工作设施

根据建设工程类别、规模、技术复杂程度、建设工程所在地的环境条件,按委托监理合同的约定,配备满足监理工作需要的办公、交通、通信、生活设施,以及常规检测设备和工具的详细清单。

7.2.3　监理规划的实施与动态控制

监理规划是在实施监理之前编写的,对未来的监理实施过程的活动属于预测和策划性质,因此,在监理工作实施过程中,如实际情况或条件发生变化而需要调整监理规划时,应由总监理工程师组织专业监理工程师修改,经工程监理单位技术负责人批准后报建设单位。

7.3　监理实施细则

监理实施
细则

项目监理细则又称项目监理(工作)实施细则。监理实施细则是在项目监理规划基础上,由专业监理工程师根据监理规划的要求,结合项目具体情况和掌握的工程信息制定指导具体监理业务实施的文件。监理实施细则应符合监理规划的要求,并应结合工程项目的专业特点,做到详细具体,具有可操作性。其编写时间上总是滞后于项目监理规划。

7.3.1　监理实施细则的编写要求与内容

1. 监理实施细则的编写要求

(1) 监理实施细则编写范围

中型工程项目或专业性较强的项目,项目监理机构应编制监理实施细则,以达到规范监理工作行为的目的。中型工程项目对应于建设部第 16 号部令《工程建设监理单位资质管理试行办法》附表中的二等工程项目。当项目规模较小、技术不复杂且管理有成熟经验和措施,并且监理规划可以起到监理实施细则的作用时,可不必另行编写监理实施细则。

《建设工程监理规范》(GB/T 50319—2013)规定:采用新材料、新工艺、新技术、新设备的工程,以及专业性较强、危险性较大的分部分项工程,应编制监理实施细则。

(2) 监理实施细则应在相应工程施工开始前编制完成,并经总监理工程师批准

监理实施细则可按工程进展情况编写,尤其是当施工图未出齐就开工的情况。但是当某分部工程或单位工程或按专业划分构成一个整体的局部工程开工前,该部分的监理实施细则应由专业监理工程师编制完成,并在开工前必须经总监理工程师批准。

(3) 监理实施细则不应与编写依据的有关要求相冲突

监理实施细则应体现项目监理机构对于该工程项目在各专业技术、管理和目标控制方面的具体要求,编制依据有:

① 已批准的监理规划。

② 相关标准、工程设计文件。

③ 施工组织设计、专项施工方案。

（4）监理实施细则应根据实际情况进行补充、修改和完善

在监理工作实施过程中，当发生工程变更、计划变更或原监理实施细则所确定的方法、措施、流程不能有效地发挥管理和控制作用时，总监理工程师应及时根据实际情况安排专业监理工程师对监理实施细则进行补充、修改和完善。

2. 监理实施细则的内容

监理实施细则是在监理规划的基础上，对各种监理工作如何具体实施和操作进一步细化和具体化。监理实施细则应包括的主要内容有：

① 专业工程的特点。

② 某项具体监理工作的详细流程。

③ 某项具体监理工作的控制要点及目标值。

④ 监理工作的具体方法、步骤及相应的措施。

7.3.2 监理规划与监理大纲、监理实施细则的区别

工程建设监理大纲和监理实施细则是与监理规划相互关联的两个重要监理文件，它们与监理规划一起共同构成监理规划系列性文件。三者之间既有区别又有联系。

1. 区别

（1）意义和性质不同

① 监理大纲　监理大纲是社会监理单位为了获得监理任务，在投标阶段编制的项目监理方案性文件，亦称监理方案。

② 监理规划　监理规划是在监理委托合同签订后，在项目总监理工程师主持下，按合同要求，结合项目的具体情况制定的指导监理工作开展的纲领性文件。

③ 监理实施细则　监理实施细则是在监理规划指导下，项目监理组织的各专业监理的责任落实后，由专业监理工程师针对项目具体情况制定的具有实施性和可操作性的业务文件。

（2）编制对象不同

① 监理大纲　以项目整体监理为对象。

② 监理规划　以项目整体监理为对象。

③ 监理实施细则　以某项专业具体监理工作为对象。

（3）编制阶段不同

① 监理大纲　在监理招标阶段编制。

② 监理规划　在监理委托合同签订后编制。

③ 监理实施细则　在监理规划编制后编制。

（4）编制的责任人不同

① 监理大纲　一般由监理企业的技术负责人组织经营部门或技术管理部门人员编制，可以有拟定的总监理工程师参与，也可能没有拟定的总监理工程师参与。

② 监理规划　由总监理工程师负责组织编制。

③ 监理实施细则　由专业监理工程师编制，并报总监理工程师审批。

（5）目的和作用不同

① 监理大纲　目的是要使发包人信服采用本监理单位制定的监理大纲,能够实现发包人的投资目标和建设意图,从而在竞争中获得监理任务。其作用是为社会监理单位经营目标服务的。

② 监理规划　目的是为了指导监理工作顺利开展,起着指导项目监理班子内部自身业务工作的作用。监理规划具有指导性和针对性。

③ 监理实施细则　目的是为了使各项监理工作能够具体实施,起到具体指导监理实务作业的作用。监理实施细则强调可操作性。

2. 联系

项目监理大纲、监理规划、监理实施细则是相互关联的,它们都是构成项目监理规划系列文件的组成部分,它们之间存在着明显的依据性关系:在编写项目监理规划时,一定要严格根据监理大纲的有关内容来编写;在制定项目监理实施细则时,一定要在监理规划的指导下进行。

7.4　其他监理工作文件

1. 建设监理常用报表

建设监理工作中,报表文件的体系化、规格化、标准化是监理工作有秩序地进行的基础工作,也是监理信息科学化的一项重要内容。《建设工程监理规范》(GB/T 50319—2013)将建设工程监理基本表式分为 A、B、C 三类:

A 类:工程监理单位用表

表 A.0.1 总监理工程师任命书

表 A.0.2 工程开工令

表 A.0.3 监理通知

表 A.0.4 监理报告

表 A.0.5 工程暂停令

表 A.0.6 旁站记录

表 A.0.7 工程复工令

表 A.0.8 工程款支付证书

B 类:施工单位报审/验用表

表 B.0.1 施工组织设计/(专项)施工方案报审表

表 B.0.2 开工报审表

表 B.0.3 复工报审表

表 B.0.4 分包单位资格报审表

表 B.0.5 施工控制测量成果报验表

表 B.0.6 工程材料/构配件/设备报审表

表 B.0.7 报审/验表

表 B.0.8 分部工程报验表

表 B.0.9 监理通知回复单

表 B.0.10 单位工程竣工验收报审表

表 B.0.11 工程款支付报审表

表 B.0.12 施工进度计划报审表

表 B.0.13 费用索赔报审表

表 B.0.14 工程临时/最终延期报审表

C 类：通用表

表 C.0.1 工作联系单

表 C.0.2 工程变更单

表 C.0.3 索赔意向通知书

2. 监理日志

监理日志是监理工程师的监理记录，应当每天记录，主要内容有：

① 天气和施工环境情况。

② 施工进展情况，包括当日施工的相关部位、工序的质量、进度情况；材料使用情况；抽检、复检情况。

③ 监理工作情况，包括旁站、巡视、见证取样、平行检验等情况。

④ 存在的问题及协调解决情况。

⑤ 其他有关事项。

3. 会议纪要

会议纪要由项目监理部根据会议记录整理，主要内容如下。

① 会议地点及时间。

② 会议主持人。

③ 与会人员姓名、单位、职务。

④ 会议主要内容、决议事项及其负责落实单位、负责人和时限要求。

⑤ 其他事项。

4. 监理月报

监理工程师根据工程进展情况、存在的问题，每月以报告书的格式向业主和上级监理部门所做的报告就是监理月报。监理月报由总监理工程师组织编制，签认后报业主和本监理单位。施工阶段监理月报应包括以下内容：

① 本月工程实施情况。

② 本月监理工作情况。

③ 本月施工中存在的问题及处理情况。

④ 下月监理工作重点。

5. 监理工作总结

在工程结束后，监理工程师应提交监理工作报告，报发包人和上级主管部门。其主要内容有：

① 工程概括。

② 监理组织机构。

③ 监理合同履行情况。

④ 监理工作成效。

⑤ 监理工作中发现的问题及其处理情况。

⑥ 说明和建议。

7.5　监理资料及管理

监理资料
及管理

7.5.1　建设工程文件、档案与监理资料

1. 建设工程文件

建设工程文件指在工程建设过程中形成的各种形式的信息记录,包括工程准备阶段文件、监理文件、施工文件、竣工图和竣工验收文件,也可简称为工程文件。一般包括:

① 工程准备阶段文件　工程开工以前,在立项、审批、征地、勘察、设计、招投标等工程准备阶段形成的文件。

② 监理文件　监理单位在工程设计、施工等阶段监理过程中形成的文件。

③ 施工文件　施工单位在工程施工过程中形成的文件。

④ 竣工图　工程竣工验收后,真实反映建设工程项目施工结果的图样。

⑤ 竣工验收文件　建设工程项目竣工验收活动中形成的文件。

2. 建设工程档案

建设工程档案指在工程建设活动中直接形成的具有归档保存价值的文字、图表、声像等各种形式的历史记录,也可简称工程档案。

3. 建设工程监理文件资料

建设工程监理资料,是建设监理单位对工程项目实施监理过程中直接形成的,真实、全面反映建设工程监理过程的文字、图表、声像等各种形式的信息记录。

显然,建设工程监理资料就是建设工程文件中所指的监理文件,而具有归档价值的建设工程文件就是建设工程档案。

按形成的时间顺序,建设工程监理资料可以分为:决策阶段监理资料、设计阶段监理资料和施工阶段监理资料。

《建设工程监理规范》(GB/T 50319—2013)规定,施工阶段的监理文件应包括下列 18 项内容:

① 勘察设计文件、建设工程监理合同及其他合同文件;

② 监理规划、监理实施细则;

③ 设计交底和图纸会审会议纪要;

④ 施工组织设计、(专项)施工方案、应急救援预案、施工进度计划报审文件资料;

⑤ 分包单位资格报审文件资料;

⑥ 施工控制测量成果报验文件资料;

⑦ 总监理工程师任命书、开工令、工程暂停令、复工令、开工/复工报审文件资料;

⑧ 工程材料、设备、构配件报验文件资料;

⑨ 见证取样和平行检验文件资料;

⑩ 工程质量检查报验资料及工程有关验收资料;

⑪ 工程变更、费用索赔及工程延期文件资料;

⑫ 工程计量、工程款支付文件资料;

⑬ 监理通知、工作联系单与监理报告;

⑭ 第一次工地会议、监理例会、专题会议等会议纪要;

⑮ 监理月报、监理日志、旁站记录;

⑯ 工程质量/生产安全事故处理文件资料;

⑰ 工程质量评估报告及竣工验收监理文件资料;

⑱ 监理工作总结。

7.5.2 建设工程施工阶段监理资料的管理

建设工程监理资料的管理水平反映了建设工程监理单位的管理水平、人员素质,工程项目监理的质量和水平。

1. 管理职责

① 项目监理机构应建立完善的监理文件资料管理制度,设专人管理文件资料。

② 在设计阶段,对勘察、测绘、设计单位的工程文件的形成、积累和立卷归档进行监督、检查;在施工阶段,对施工单位的工程文件的形成、积累、立卷归档进行监督、检查。

③ 可以按照委托监理合同的约定,接受建设单位的委托,监督、检查应由建设单位负责的工程文件的形成积累和立卷归档工作。

④ 编制的监理文件的套数、提交内容、提交时间,应按照现行《建设工程文件归档整理规范》(GB/T 50328—2014)和各地城建档案管理部门的要求,编制移交清单,双方签字、盖章后,及时移交建设单位,由建设单位收集和汇总。监理公司档案部门需要的监理档案按照《建设工程监理规范》的要求,及时由项目监理部提供。

2. 管理要求

① 工程开工前,项目监理机构就应建立一套文件管理程序,对所有文件的编号、登记,合同各方之间的传递文件必须有明确的规定。

② 监理实施过程中,应严格按程序执行,及时、准确、完整地收集、整理、编制、传递监理文件资料,并定期检查文件是否已发出,应该答复的文件是否已经答复。对拖延的文件应及时处理,对失职的部门要及时敦促他们采取行动及时纠正。

③ 各工程项目监理资料应按照《建设工程文件归档整理规范》的要求收集、装订、编目、立卷、归档,可按资料类别建立相应的登记管理台账,做到及时整理、真实完整、分类有序。

④ 专业监理工程师应根据要求认真审核资料,不得接收签字、盖章不全或经涂改的报验、报审资料。审核整理后应及时交资料管理人员整理、存收。

⑤ 在工程监理过程中,监理资料应按单位工程立卷,分专业存放保管并编目,以便跟踪管理。

⑥ 监理资料的收发、借阅必须经过资料管理人员履行相应手续。

⑦ 项目监理机构应采用计算机技术使监理文件资料管理科学化、程序化、规范化。

3. 监理资料的立卷与归档

项目监理机构应将监理资料按单位工程及施工时间顺序分类、编目、立卷、归档。案卷装具统一采用无酸纸卷盒、卷夹。监理资料的分类、分册一般按第一册《建设工程项目基本资料》、第二册《项目监理机构工作资料》、第三册《质量控制资料》、第四册《进度、投资控制资料》、第五册《合同管理资料》的顺序进行。

若一册资料无法全部装在一个卷盒内,可用多个卷盒分装,但卷盒的标号应统一标注为第×册第×分册。各监理档案的保存期限按《建设工程文件归档整理规范》的有关规定执行。

4. 监理资料的移交

对于一个建设工程而言,建设工程档案资料的移交即归档,包括:

① 建设、勘察、设计、施工、监理等单位将本单位在工程建设过程中形成的文件向本单位档案管理机构移交。

② 勘察、设计、施工、监理等单位将本单位在工程建设过程中形成的文件向建设单位档案管理机构移交。

③ 建设单位按照现行《建设工程文件归档整理规范》要求,将汇总的该建设工程文件档案向地方城建档案管理部门移交。

在工程监理过程中,与工程质量有关的隐蔽工程验收资料,质量评定资料,材料设备的试验检测及进度控制、造价控制等资料,项目监理机构均已随监理工程进度提交给建设单位,故施工阶段监理工作结束时,项目监理机构一般只向建设单位提交监理工作总结。

思考题

1. 编制建设工程监理规划有何作用?

2. 编写监理规划应注意哪些问题?

3. 监理规划的编写依据是什么?

4. 监理规划包括哪些主要内容?

5. 监理工作中一般需要制定哪些工作制度?

6. 施工阶段有哪些监理资料?

*第8章

国外建设工程项目管理与我国建设监理制度

学习建设工程监理制度,有必要了解国际上建设工程管理的现状以及其发展的方向和趋势,特别是建设项目管理、工程咨询和建设工程组织管理的新型模式方面的一些情况,以便对我国的建设工程监理制度有更准确、更深远的认识。因为,建设工程监理制度其实不过是项目管理模式的一种特殊形式。

8.1 FIDIC 土木工程施工合同条件

8.1.1 FIDIC "土木工程施工合同"概述

FIDIC 合同

"FIDIC"是由国际咨询工程师联合会(federation internation des inginieurs conseils)的法文名称字头组成的缩写词。成立于 1913 年,最初的成员是欧洲境内的法国、比利时等 3 个独立的咨询工程师协会。1949 年,英国土木工程师协会成为正式代表,并于次年以东道主身份在伦敦主办 FIDIC 代表会议,一般历史学家将这次会议描述成当代国际咨询工程师联合会的诞生。1959 年,美国、南非、澳大利亚和加拿大也加入了联合会,FIDIC 从此打破了地域的划分,成为一个真正的国际组织,总部设在瑞士洛桑。现在 FIDIC 组织在全球范围内已经拥有 68 个成员协会,代表了约 400 000 位独立从事咨询工作的工程师。它的成员,必须一国一席,单个咨询企业或个人都不能参加成为会员。

FIDIC 成立 100 多年来,对国际上实施工程建设项目,以及促进国际经济技术合作的发展起到了重要作用。由该会编制的《业主与咨询工程师标准服务协议书》(白皮书)、《土木工程施工合同条件》(红皮书)、《电气与机械工程合同条件》(黄皮书)、《工程总承包合同条件》(桔黄皮书)被世界银行、亚洲开发银行等国际和区域发展援助金融机构作为实施项目的合同和协议范本。为实施项目进行科学管理提供了可靠的依据,有利于保证工程质量、工期和控制成本,使业主、承包人以及咨询工程师等有关人员的合法权益得到尊重。此外,FIDIC还编辑出版了一些供业主和咨询工程师使用的业务参考书籍和工作指南,以帮助业主更好地选择咨询工程师,使咨询工程师更全面地了解业务工作范围和根据指南进行工作。该会制订的承包商标准资格预审表、招标程序、咨询项目分包协议等都有很实用的参考价值,在国际上受到普遍欢迎,得到了广泛承认和应用,FIDIC 的声誉也显著提高。

《土木工程施工合同条件》是由国际咨询工程师联合会(FIDIC)和欧洲建筑工程联合会(FXEC)在英国土木工程师学会(IEC)编制的合同条件的基础上,于 1957 年制定,并以FIDIC 合同条件第 1 版的名义出版,成为国际上第一个通用的承包工程合同条件。为了适应技术和经济不断发展的需要,每隔 10 年左右的时间,国际咨询工程师联合会和欧洲建筑工程联合会就要对 FIDIC 合同条件进行一次修订,即于 1969 年出版了第 2 版,1977 年出版了第 3 版,1987 年出版了第 4 版。《FIDIC 合同条件》前 4 次的更新和修改,其基本框架未变,直到 1999 年,FIDIC 做了大幅度改动,出版了新版《施工合同条件》(Conditions of Contract for Construction),即 1999 年第 1 版,又称"新红皮书",并从原来的 72 条合并、浓缩为 20 条。从 2003 年开始,所有工程项目都采用 FIDIC1999 年第 1 版合同条件。

1. FIDIC 合同条件的特点

FIDIC 合同条件是世界各国土木工程建筑管理百余年经验的总结,作为国际工程实施的标准文本具有准确、严密、公正、保险等优点,具体体现在以下几个方面:

（1）完整

从工程施工计划的制定,直到工程保修期的结束,对整个施工过程都有一套完整的合同规范,便于工程的计划、管理和实施。

（2）严密

FIDIC 合同条件十分严密地把技术、经济、法律三者科学地结合起来,构成一个完整的合同体系。正是由于具有严密性的特点,在合同实施过程中,对业主、监理工程师及承包商三方的行为,包括争端的解决,都可以根据合同条件做出准确的结论。

（3）公平

FIDIC 合同条件适用于竞争性招标选择承包商实施的承包合同,风险承担是以一个有经验的承包商在投标阶段能否合理预见作为责任划分界限的。合同条件属于双务、有偿合同,力求使业主和承包商双方当事人的权利和义务达到总体平衡,风险分担公平合理。

（4）明确

FIDIC 合同条件是一份内容和职责都十分明确的合同条件,文件中对工程的规模、范围、标准及费用结算方法都做了明确的规定。同时,FIDIC 合同条件还对工程管理的细节也都做了明确的规定。正是由于不留模棱两可之词的明确性的特点,为执行合同和管理合同提供了依据,所以合同各方都较容易地去按合同的规定实施。

（5）合同履行过程中建立以工程师为核心的管理模式

FIDIC 编制合同条件的一个基本出发点,就是合同履行的管理过程中,是以工程师(指咨询工程师,相当于我国的监理工程师)为核心地位。因此尽管业主与承包商签订了施工承包合同,但在众多的条款内却将管理的权力赋予了不是合同当事人的工程师,并要他独立、公正地进行管理。工程师不但监督承包商的施工活动,同时也监督业主对合同的执行情况,工程师对承包商和业主都具有同样的约束力。这种项目管理模式,有利于减少合同纠纷,提高管理效率。

正因为如此,FIDIC 合同被大多数国家所采用,并为世界大多数承包商所熟悉,同时还受到世界银行及各地区国际金融机构的推荐,有利于实行国际竞争性招标。

2. FIDIC 合同条件的适用范围

对工程的类别而言,FIDIC 合同条件适用于一般的土木工程,包括市政道路工程、工业与民用建筑工程及土壤改善工程。

工程承包施工合同的种类很多,如固定总价合同、成本加酬金合同、单价合同等。FIDIC 合同条件主要适用于单价合同。所谓单价合同就是按工程清单中的单价和实际完成的工程数量结算工程价款。合同条件内有关工程进度款的支付、变更估价、竣工结算的调整原则等条款都是针对单价合同而言的。当前国际工程承包中较普遍采用单价合同。

3. FIDIC"土木工程施工合同"内容

FIDIC 编制的"土木工程施工合同条件"是进行建筑类工程建设,由业主通过竞争性招标选择承包商承包,并委托监理工程师执行监督管理的标准化合同文件范本。该范本包括:通用条件、专用条件、投标书及其附件、协议书等几个主要文件的标准格式和内容。涵盖了权义性、技术性、管理性、经济性和法规性等诸方面的条款。

8.1.2　FIDIC 工程合同发展动态

近年来,FIDIC 开展了规模很大的调查研究工作,对使用者(包括发包人、承包人和中介服务方)的意愿分别列表查询,比较了世界上各种主要标准合同文本,于 1999 年推出了新的合同文本。新版本认真吸取了过去的经验,适应国际工程项目管理的潮流,更好地协调保护业主、承包商及社会公众各方利益的需要。FIDIC 认为,这次改版,不是原来几本合同条件的修订版,而是全新版本,所以称为 1999 年第 1 版。

1. 新版 FIDIC 工程合同范本简介

目前,最新的 FIDIC 工程合同条件为一系列的标准合同范本:

①《由业主设计的房屋和工程施工合同条件》(新红皮书),适用于业主提供设计,承包商负责设备材料采购和施工,咨询工程师监理,按图纸估价,按实结算,不可预见条件和物价变动允许调价。是一种业主参与和控制较多,承担风险也较多的合同格式。

原来的红皮书是基于传统的土木工程而起草的,主要可用于道路、桥梁、大坝、重型混凝土结构工程,以及传统的水电站的机电工程等。对于更复杂和更大的项目,不能适应。现代的大型房屋建筑,一般都有复杂的机电安装、微电子安装和其他的一些复杂新技术系统。所以这次修订把适用范围扩大到了房屋建筑工程领域。

②《由承包商设计的电气和机械设备安装与房屋和工程合同条件》(新黄皮书),适用于承包商负责设备采购、设计和施工,咨询工程师监理,总额价格承包,但不可预见条件和物价变动可以调价,是一种业主控制较多的总承包合同格式。

③《EPC/交钥匙项目合同条件》(银皮书),适用于承包商承担全部设计、采购和施工,直到投产运行;合同价格总额包干,除不可抗力条件外,其他风险都由承包商承担;业主只派代表管理,只重最终成果,对工程介入很少。

④《简明合同格式》(绿皮书),是用于较小工程项目的简明灵活的合同格式。该合同条件被推荐用于价值相对较低的房屋建筑或土木工程。根据工程的类型和具体条件的不同,此格式也适用于价值较高的工程,特别是较简单的、重复性的、工期短的工程。在这种合同形式下,一般都是由承包商按照雇主或其代表——工程师提供的设计实施工程,但对于部分或完全由承包商设计的土木、机械、电力和/或建造工程的合同也同样适用。

此外,《顾客/咨询服务模式的协议》(新白皮书,1998)、《转包合同条件》《咨询分包协议》和《招标程序》等也在世界范围内被广泛使用。

2. 新版 FIDIC 施工合同的特点

(1)适应国际工程承包方式的新发展

自 20 世纪 70 年代以来,国际建设工程项目管理的模式有了迅速发展,我国习惯上所称的项目总承包人式得到较多运用,且有多种表现形式。FIDIC 适应了这些新发展。如:针对设计、施工的不同关系模式,新红皮书施工合同适用于设计、施工分离制。其他的设计、施工结合的方式,如承包人负责设计和施工,以至完全意义上的 EPC 模式,则分别在橘皮书和银皮书中规定。

（2）合同文本结构体系做了统一,便于检索应用和计算机辅助管理

在 FIDIC 原有的合同条件体系中,几个主要的合同条件文本的结构体系不统一,如红皮书有 25 大类 72 条 194 款,黄皮书有 32 大类 51 条 197 款,而橘皮书则为 20 条 160 款。显然,这三个合同条件的内容分类和条款设置不统一,同一内容在不同合同条件文本中的位置不同,甚至具体表述也不统一。这对于实际运用非常不方便,尤其是对于能够运用多种方式承包工程的承包商来说,必须对各个合同条件文本进行深入的分析和比较研究,才能避免失误。

而 FIDIC1999 年新版合同条件实现了结构体系的统一,取消了原来没有编号的"类",且三个合同条件文本均为 20 条（与橘皮书一致）160 多款。这为承包商分析和比较不同合同条件文本（实质上反映的是不同承包方式）的区别提供了极大的便利。

（3）工程师的核心地位发生了变化

值得注意的是,历史上,FIDIC 一直强调工程师的独立、公正,1987 年第 4 版红皮书还增加了"工程师要行为公正"条款（第 2.6 款）。1995 年 FIDIC 首次出版的橘皮书《设计-建造与交钥匙工程合同条件》只设雇主代表而不设工程师,引入了里程碑付款方式和争端裁定委员会（dispute adjudication board,DAB）。DAB 由一人或三人组成,合同争端首先提交 DAB 做出决定,此后 28 d 内一方可将其不满通知对方,然后将争端提交仲裁,否则 DAB 的决定将变成有约束力的终裁。目前,FIDIC 合同系列都设有 DAB 制度。

新红皮书和新黄皮书的第 1.1.2.6 款明文规定工程师是雇主的人员,首次否定了工程师的独立地位,并且取消了旧红皮书和旧黄皮书的"工程师要行为公正"条款。银皮书则干脆不设工程师,对应条款称为"雇主的管理",即由业主人员自行管理工程（实践中亦可能委托咨询公司管理工程）,绿皮书采用简洁语言编写,也不设工程师。

8.2 国外建设工程项目管理发展趋势

8.2.1 建设项目管理

国外监理发展趋势、特点及我国监理发展

建设项目管理在我国亦称为工程项目管理。从广义上讲,任何时候、任何建设工程都需要相应的管理活动。但是,我们通常所说的建设项目管理,是指以现代建设项目管理理论为指导的建设项目管理活动。

1. 建设项目管理的发展过程

第二次世界大战以前,在工程建设领域占绝对主导地位的是传统的建设工程组织管理模式,即设计-招标-建造（design-bid-build）模式。业主与建筑师或工程师（房屋建筑工程适用建筑师,其他土木工程适用工程师）签订专业服务合同。建筑师或工程师不仅负责提供设计文件,而且负责组织施工招标工作来选择总承包商,还要在施工阶段对施工单位的施工活动进行监督并对工程结算报告进行审核和签署。

第二次世界大战以后,世界上大多数国家的建设规模和发展速度都达到了历史上的最高水平,出现了一大批大型和特大型建设工程,其技术和管理的难度大幅度提高,对工程建设管理者水平和能力的要求亦相应提高。在这种形势下,传统的建设工程组织管理模式已

不能满足业主对建设工程目标进行全面控制和全过程控制的要求,其固有的缺陷日显突出,主要表现在:相对于质量控制而言,对投资和进度的控制以及合同管理较为薄弱,效果较差;难以发现设计本身的错误或缺陷。常常因为设计方面的原因而导致投资增加和工期拖延。正是在这样的背景下,一种不承担建设工程的具体设计任务、专门为业主提供建设项目管理服务的咨询公司应运而生了,并且迅速发展壮大,成为工程建设领域一个新的专业化方向。

项目管理在建设工程中的应用,最早是在业主方的工程管理中,而后逐步在承包商、设计方和供货方的管理工作中得到推广。在 20 世纪 70 年代中期前后,国际上兴起了项目管理咨询服务,项目管理咨询公司的主要服务对象是业主,但它也服务于承包商、设计方和供货方。国际咨询工程师联合会(FIDIC)于 1980 年颁布了业主方与项目管理咨询公司的项目管理合同条件(FIDIC IGRA 80 PM),明确了代表业主方利益(但不是业主的代理人)的项目管理方的地位、作用、任务和责任。

在许多国家,工程项目管理由专业人员——建造师(营造师)、建筑师或工程师担任。建造师可以在业主方、承包商、设计方和供货方从事工程项目管理工作,也可以在教育、科研和政府等部门从事与项目管理有关的工作。建造师的业务范围并不限于在项目实施阶段的工程项目管理工作,还包括项目决策阶段的管理和项目使用阶段的设施管理工作等。

世界银行和一些国际金融机构要求接受贷款的国家应用项目管理的思想、组织、方法和手段组织实施工程项目。这对我国从 20 世纪 80 年代初期开始引进工程项目管理起着重要的推动作用。我国建设工程项目管理工作起源于学习鲁布革工程管理经验,进行建筑施工企业项目管理体制改革。此过程中的重要事件如下:

①　1983 年由国家计划委员会提出推行项目前期项目经理负责制(指的是国家和地方政府投资的项目的业主方在项目前期实行项目经理负责制)。

②　1988 年开始推行建设工程监理制度。

③　1995 年建设部颁发了建筑施工企业项目经理资质管理办法,推行项目经理负责制。

④　2003 年建设部发出关于建筑业企业项目经理资质管理制度向建造师执业资格制度过渡有关问题的通知,推行注册建造师制度。

⑤　建设部《关于培育发展工程总承包和工程项目管理企业的指导意见》(建市[2003]30 号)提出"鼓励具有工程勘察、设计、施工、监理资质的企业,通过建立与工程项目管理业务相适应的组织机构、项目管理体系,充实项目管理专业人员,按照有关资质管理规定在其资质等级许可的工程项目范围内开展相应的工程项目管理业务"。

⑥　为了适应投资建设项目管理的需要,经人事部、国家发展和改革委员会研究决定,对投资建设项目高层专业管理人员实行投资建设项目管理师职业水平认证制度,并于 2004 年 12 月颁布了有关文件。

建设项目管理专业化的形成和发展在工程建设领域专业化发展史上具有里程碑意义。因为在此之前,工程建设领域专业化的发展都表现为技术方面的专业化,最先是设计、施工一体化发展到设计与施工分离,形成设计专业化和施工专业化;设计专业化的进一步发展导致建筑设计与结构设计的分离,形成建筑设计专业化和结构设计专业化,以后又逐渐形成各种工程设备设计的专业化;施工专业化的发展形成了各种施工对象专业化、施工阶段专业化和施工工种专业化。建设项目管理专业化的形成符合建设项目一次性的特点,符合工程建设活动的客观规律,取得了非常显著的经济效果,因而显示出强劲的发展势头。

建设项目管理专业化发展的初期仅局限在施工阶段,即由建筑师或工程师为业主提供设计服务,而由建设项目管理公司为业主提供施工招标服务以及施工阶段的监督和管理服务。应用这种方式虽然能在施工阶段发现设计的一些错误或缺陷,但对投资和进度造成的损失往往已无法挽回,因而对设计的控制和建设工程总目标的控制的效果不甚理想。所以,建设项目管理的服务范围又逐渐延伸到建设工程实施的全过程,加强了对设计的控制,充分体现了早期控制的思想,取得了更好的控制效果。

虽然专业化的建设项目管理公司得到了迅速发展,其占建筑咨询服务市场的比例也日益增大,但至今并未完全取代传统模式中的建筑师或工程师。当前,无论是在各国的国内建设工程中,还是在国际工程中,传统的建设工程组织管理模式仍然得到广泛的应用。还不能证明,专业化的建设项目管理与传统模式究竟哪一种方式占主导地位。这一方面是因为传统模式中建筑师或工程师在设计方面的作用和优势是专业化建设项目管理人员所无法取代的;另一方面则是因为传统管理模式中的建筑师或工程师也在不断提高他们在投资控制、进度控制和合同管理方面的水平和能力,也在以现代建设项目管理理论作指导为业主提供更全面、效果更好的服务。在一个确定的建设工程上,究竟是采用专业化的建设项目管理还是传统管理模式,完全取决于业主的选择。

2. 建设项目管理理论体系的发展

建设项目管理是一门较为年轻的学科,目前仍然在继续研究和发展中。

建设项目管理的基本理论体系形成于 20 世纪 50 年代末、60 年代初。它是以当时已经比较成熟的组织论(亦称组织学)、控制论和管理学作为理论基础,结合建设工程和建筑市场的特点而形成的一门新兴学科。当时,建设项目管理学的主要内容有:建设项目管理的组织、投资控制(或成本控制)、进度控制、质量控制、合同管理。

20 世纪 70 年代,随着计算机技术的发展,计算机辅助管理的重要性日益显露出来,因而计算机辅助建设项目管理或信息管理成为建设项目管理学的新内容。在这期间,原有的内容也在进一步发展,例如,有关组织的内容扩大到工作流程的组织和信息流程的组织,合同管理中深化了索赔内容,进度控制方面开始出现商品化软件,等等。

20 世纪 80 年代,建设项目管理学在宽度和深度两方面都有重大发展。在宽度方面,组织协调和建设工程风险管理成为建设项目管理学的重要内容。在深度方面,投资控制方面出现一些新的理念,如全面投资控制(total cost control);进度控制方面出现多平面(又称多阶)网络理论和方法;合同管理和索赔方面的研究日益深入,等等。

20 世纪 90 年代到 21 世纪初,建设项目管理学主要是在深度方面发展。例如,投资控制方面的偏差分析形成系统的理论和方法,质量控制方面由经典的质量管理方法向 ISO9000 和 ISO14000 系列发展,建设工程风险管理方面的研究越来越受到重视,在组织协调方面出现沟通管理(communication management)的理念和方法,等等。这一时期,建设项目管理学的各个主要内容都出版了众多的专著,产生了大批研究成果。而且,这一时期也是与建设项目管理有关的商品化软件的大发展期,尤其在进度控制和投资控制方面出现了不少功能强大、比较成熟和完善的商品化软件,其在建设项目管理实践中得到广泛运用,提高了建设项目管理实际工作的效率和水平。

对项目管理(并不局限于建设项目管理)的理论总结和扩展项目管理的应用发挥了重要作用的是美国项目管理学会(PMI)。PMI 编制的《项目管理知识体系指南》(简称 PMBOK)

被许多国家在不同专业领域进行项目管理培训时广泛采用。在 PMBOK2000 版中,把项目管理的知识领域归纳为 9 个方面,即项目整体(或集成)管理、项目范围管理、项目进度(或时间)管理、项目费用管理、项目质量管理、项目人力资源管理、项目沟通管理、项目风险管理和项目采购管理(含合同管理)。

我国建设工程项目管理工作起源于学习鲁布革工程管理经验,进行建筑施工企业项目管理体制改革。2002 年,通过对国内众多地区和企业项目管理经验和成果的总结,结合国际通行的项目管理运作模式,形成了中国第一部《建设工程项目管理规范》。随着中国加入 WTO 和项目管理国际化的发展,2005 年,建设部着手组织对该规范进行修订,历时一年半的反复修改,最终形成了《建设工程项目管理规范》(GB/T 50326—2006),该规范有机地把发包人(业主)的项目管理与承包人的项目管理体系相结合,统一于项目管理的全过程行为并加以约束与规范,较好地实现了行为主体、规范内容、管理方式、岗位执业以及理论研究的创新。根据住房和城乡建设部《关于印发〈2014 年工程建设标准规范制定、修订计划〉的通知》的要求,经广泛调查研究,认真总结实践经验,参考有关国际标准和国外先进标准,并在广泛征求意见的基础上,对该规范进行了修订,并于 2017 年颁布。

在国际上,项目管理作为一门学科多年来在不断发展:

① 传统的项目管理(project management)是该学科的第一代。

② 第二代是项目集管理(program management),指的是由多个相互关联的项目组成的项目群的管理,不仅限于项目的实施阶段。

③ 第三代是项目组合管理(portfolio management),指的是多个项目组成的项目群的管理,这多个项目不一定有内在联系。

④ 第四代是变更管理(change management)。

8.2.2 工程咨询

1. 工程咨询概述

(1) 工程咨询的概念

到目前为止,工程咨询在国际上还没有一个统一的、规范化的定义。尽管如此,综合各种关于工程咨询的表述,可将工程咨询定义为:工程咨询是指适应现代经济发展和社会进步的需要,集中专家群体或个人的智慧和经验,运用现代科学技术和工程技术以及经济、管理、法律等方面的知识,为建设工程决策和管理提供的智力服务。

如果某项工作的任务主要是采用常规的技术且属于设备密集型的工作,那么该项工作就不应列为咨询服务,在国际上通常将其列为劳务服务,如卫星测绘、地质钻探、计算机应用等。

(2) 工程咨询的作用

工程咨询是智力服务,是知识的转让,可有针对性地向客户提供可供选择的方案、计划或有参考价值的数据、调查结果、预测分析等,亦可实际参与工程实施过程的管理,其作用可归纳为以下几个方面:

① 为决策者提供科学合理的建议　工程咨询本身通常并不决策,但它可以弥补决策者职责与能力之间的差距,减少决策失误。这里的决策者既可以是各级政府机构,也可以是企业领导或具体建设工程的业主。

② 保证工程的顺利实施　由于建设工程的一次性的特点,而且其实施过程中有众多复

杂的管理工作,业主通常没有能力自行管理。专业化的工程咨询介入管理,可以提高工程实施过程管理的效率和效果,从而保证工程的顺利实施。

③ 为客户提供信息和先进技术　工程咨询机构往往集中了一定数量的专家、学者,拥有大量的信息、知识、经验和先进技术,可以随时根据客户需要提供信息和技术服务,弥补客户在科技和信息方面的不足。

④ 发挥准仲裁人的作用　在建设工程实施过程中,业主与建设工程的其他参与方之间,尤其是与承包商之间,往往会产生合同争议。工程咨询机构是独立的法人,可以公正、客观地为客户提供解决争议的方案和建议。并且,由于工程咨询公司所具备的知识、经验、社会声誉及其所处的第三方地位,其所提出的方案和建议易于为争议双方所接受。

⑤ 促进国际间工程领域的交流和合作　随着全球经济一体化的发展,国际工程咨询业务越来越多。专业化工程咨询公司的介入,对促进国际间在工程领域技术、经济、管理和法律等方面的交流和合作无疑起到十分积极的作用,有利于加强各国工程咨询界的相互了解和沟通。

(3) 工程咨询的发展趋势

工程咨询是近代工业化的产物,于19世纪初首先出现在建筑业。开始,工程咨询与工程承包的业务界限泾渭分明,工程咨询公司不从事工程承包活动,即工程咨询公司和人员不从事建设工程实际的建造和维修活动,而工程承包公司则不从事工程咨询活动。这种状况一直持续到20世纪60年代而没有发生本质的变化。

20世纪70年代以来,尤其是80年代以来,建设工程日趋大型化和复杂化,工程咨询和工程承包业务日趋国际化,与此同时,建设工程组织管理模式不断发展,出现了CM模式、项目总承包模式、EPC模式等新型模式;建设工程投融资方式也在不断发展,出现了BOT、PFI、TOT、BT等方式。国际工程市场的这些变化使得工程咨询和工程承包业务也相应发生变化,两者之间的界限不再像过去那样严格分开,开始出现相互渗透、相互融合。从工程咨询方面来看,这一趋势的具体表现主要是以下两种情况:一是工程咨询公司与工程承包公司相结合,组成大的集团企业或采用临时联合方式,承接交钥匙工程(或项目总承包工程);二是工程咨询公司与国际大财团或金融机构紧密联系,通过项目融资取得项目的咨询业务。

从工程咨询本身的发展情况来看,总的趋势是向全过程服务和全方位服务方向发展。其中,全过程服务分为实施阶段全过程服务和工程建设全过程服务两种情况。至于全方位服务,则比建设项目管理中对建设项目目标的全方位控制的内涵宽得多。除了对建设项目三大目标的控制之外,全方位服务还可能包括决策支持、项目策划、项目融资或筹资、项目规划和设计、重要工程设备和材料的国际采购等。当然,真正能提供上述所有内容全方位服务的工程咨询公司是不多见的。

国际工程咨询业务还可以带动本国工程设备、材料和劳务的出口。这种情况通常是在全过程服务和全方位服务条件下才会发生。由于业主最先选定了工程咨询公司(一般是国际著名的有实力的工程咨询公司),出于对该工程咨询公司的信任,在不损害业主利益的前提下,业主会乐意接受该工程咨询公司所推荐的其所在国的工程设备、材料和劳务。

2. 咨询工程师

(1) 咨询工程师的概念

咨询工程师(consulting engineer)是以从事工程咨询业务为职业的工程技术人员和其他

专业(如经济、管理)人员的统称。

国际上对咨询工程师的理解与我国习惯上的理解有很大不同。按国际上的理解,我国的建筑师、结构工程师、各种专业设备工程师、监理工程师、造价工程师、从事工程招标业务的专业人员等都属于咨询工程师;甚至从事工程咨询业务有关工作(如处理索赔时可能需要审查承包商的财务账簿和财务记录)的审计师、会计师也属于咨询工程师之列。因此,不宜把咨询工程师理解为"从事咨询工作的工程师"。

1990年国际咨询工程师联合会(FIDIC)在其出版的《业主/咨询工程师标准服务协议书条件》(简称白皮书)中已用"consultant"取代了"consulting engineer"。consultant一词可译为咨询人员或咨询专家,但我国对白皮书的翻译仍按原习惯译为咨询工程师。

(2) 咨询工程师的素质

工程咨询是科学性、综合性、系统性、实践性均很强的职业。作为从事这一职业的主体,咨询工程师应具备以下素质才能胜任这一职业:

① 知识面宽　咨询工程师除了掌握建设工程的专业技术知识之外,还应熟悉与工程建设有关的经济、管理、金融和法律等方面的知识,对工程建设的管理过程有深入的了解,对当前最新技术水平和发展趋势有所了解,并熟悉项目融资、设备采购、招标咨询的具体运作和有关规定。

② 精通业务　咨询工程师应有自己比较擅长的一个或多个业务领域,具有丰富的工程实践经验,成为该领域的专家。要具有实际动手能力,不仅要会做,而且要做得对、做得好、做得快。在计算机应用和外语方面也应具备一定的水平和能力。

③ 协调、管理能力强　工程咨询业务中不少工作需要组织、管理其他人员去做,要与各个领域、部门交往,因此,咨询工程师不仅要是技术方面的专家,而且要成为组织、管理方面的专家。

④ 责任心强　咨询工程师的责任心首先表现在职业责任感和敬业精神,要通过自己的实际行动来维护个人、本公司、本职业的尊严和名誉。同时,咨询工程师还负有社会责任,即应在维护国家和社会公众利益的前提下为客户提供服务。责任心还表现在良好的团队精神上,每个咨询工程师都必须确保按时、按质地完成预定工作,并对自己的工作成果负责。

⑤ 不断进取,勇于开拓　科学技术的高速发展使得工程咨询也不断面临新的挑战。因此,咨询工程师必须及时更新知识,了解、熟悉乃至掌握与工程咨询相关领域的新进展。还要勇于开拓新的工程咨询领域(包括业务领域和地区领域),以适应客户的新需求,顺应工程咨询市场发展的趋势。

(3) 咨询工程师的职业道德

国际上许多国家(尤其是发达国家)的工程咨询业已相当发达,相应地制定了各自的行业规范和职业道德规范,以指导和规范咨询工程师的职业行为。在国际上最具普遍意义和权威性的是FIDIC道德准则。这些职业道德规范或准则虽然不是法律,但是对咨询工程师的行为却具有相当大的约束力。不少国家的工程咨询行业协会都明确规定,一旦咨询工程师的行为违背了职业道德规范或准则,就将终身不得再从事该职业。

8.2.3 建设工程项目管理新模式

建设工程项目管理模式是指从事工程建设的工程公司或管理公司对项目管理的运作方

式。随着社会技术经济水平的发展,建设工程业主的需求也在不断变化和发展,总的趋势是希望简化自身的管理工作,得到更全面、更高效的服务,更快、更好地实现建设工程预定的目标。与此相适应,建设工程组织管理模式也在不断地发展,国际上出现了许多新型模式。

1. DB 模式

（1）DB 模式的概念

设计−建造(design-build,DB)模式是近年来在国际工程中常用的现代项目管理模式,它又被称为设计和施工(design-construction)、交钥匙工程(turnkey)或者一揽子工程(package deal),其实质就是设计+施工的总承包模式。DB 模式的通常做法是,在项目的初始阶段,业主邀请一位或者几位有资格的承包商(或具备资格的管理咨询公司),根据业主的要求或者是设计大纲,由承包商或会同自己委托的设计咨询公司提出初步设计和成本概算。根据不同类型的工程项目,业主也可能委托自己的顾问工程师准备更详细的设计纲要和招标文件,中标的承包商将负责该项目的设计和施工。DB 模式是一种项目组织方式,业主和 DB 承包商密切合作,完成项目的规划、设计、成本控制、进度安排等工作,甚至负责土地购买、项目融资和设备采购安装。DB 模式的管理方式在国际工程中越来越受到欢迎,其涉及范围不仅包括了私人投资的项目,而且也广泛运用于政府投资的基础设施项目。

（2）DB 模式的特点

DB 模式是业主和一个工程实体企业采用单一合同(single point contract)的管理方法,由该实体负责实施项目的设计和施工。一般来说,该实体可以是大型承包商,具备项目管理能力的设计咨询公司,或者是专门从事项目管理的公司。这种模式主要有两个特点:

① 效率高　一旦合约签订以后,承包商就据此进行施工图的设计,如果承包商本身拥有设计能力,就促使承包商积极地提高设计质量,通过合理和精心的设计创造经济效益,往往达到事半功倍的效果。如果承包商本身不具备设计能力和资质的,就需要委托一家或几家专业的咨询公司来做设计和咨询,承包商作为甲方的身份进行设计管理和协调,使得设计既符合业主的意图,又有利于施工和节约成本,使得设计更加合理和实用,避免了两者之间的矛盾。

② 责任单一性　DB 模式的承包商对项目建设的全过程负有全部的责任,这种责任的单一性避免了工程建设中各方相互矛盾和扯皮,也促使承包商不断提高自己的管理水平,通过科学的管理创造效益。相对于传统的管理方式来说,承包商拥有了更大的权力,它不仅可以选择分包商和材料供应商,而且还有权选择设计咨询公司,但最后需要得到业主的认可。这种模式解决了机构臃肿、层次重叠、管理人员比例失调的问题。

2. CM 模式

（1）CM 模式的概念和产生背景

CM 是英文 construction management 的缩写,若直译成中文可以译为"施工管理"或"建设管理"或"建筑工程管理",但这些概念在我国均有其明确的内涵或很宽的内涵,并且都不能正确反映 CM 模式的含义,故一般直接用其英文字母缩写表示。

1968 年,汤姆森等人受美国建筑基金会的委托,在美国纽约州立大学研究关于如何加快设计和施工速度以及如何改进控制方法的报告中,通过对许多大建筑公司的调查,在综合各方面经验的基础上,提出了快速路径法(fast track method),又称为阶段施工法(phased construction method)。这种方法的基本特征是将设计工作分为若干阶段(如基础工程、上部结构工程、装修工程、安装工程）完成，每一阶段设计工作完成后，就组织相应工程内容的施工招标，确定施工单位后即开始相应工程内容的施工。与此同时，下一阶段设计工作继续进行，完成后再组织相应的施工招标，确定相应的施工单位……，其建设实施过程如图 8-1 所示。

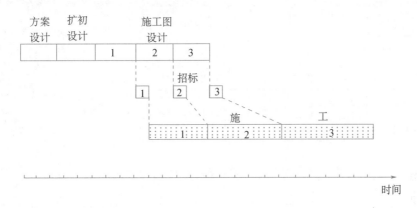

图 8-1　快速路径法

快速路径法将设计工作和施工招标工作与施工搭接起来，即设计一部分，招投标一部分，施工一部分，整个建设周期是第一阶段设计工作和第一次施工招标工作所需要的时间与整个工程施工所需要的时间之和。与传统模式相比，快速路径法可以缩短建设周期。对于大型、复杂的建设工程来说，缩短时间甚至可能超过 1 年。但是，这种方法大大增加了施工阶段组织协调和目标控制的难度，设计变更增多，施工现场多个施工单位同时分别施工导致工效降低，等等。显然，如果管理不当，就可能欲速而不达。CM 模式正是这样一种与快速路径法相适应的新的组织管理模式。

CM 模式，就是在采用快速路径法时，从建设工程的开始阶段就雇用具有施工经验的 CM 单位（或 CM 经理）参与到建设工程实施过程中来，以便为设计人员提供施工方面的建议且随后负责管理施工过程。这种安排的目的是将建设工程的实施作为一个完整的过程来对待，并同时考虑设计和施工的因素，力求使建设工程在尽可能短的时间内以尽可能经济的费用和满足要求的质量建成并投入使用。

CM 模式不等同于快速路径法。快速路径法只是改进了传统模式条件下建设工程的实施顺序，不仅可在 CM 模式中使用，也可在其他如平行承发包模式、项目总承包模式（此时设计与施工的搭接是在项目总承包商内部完成的，且不存在施工与招标的搭接）中使用。而 CM 模式则是以使用 CM 单位为特征的建设工程组织管理模式，具有独特的合同关系和组织形式。

（2）CM 模式的类型

① 代理型 CM 模式　又称为纯粹的 CM 模式。采用代理型 CM 模式时，CM 单位是业主的咨询单位，业主与 CM 单位签订咨询服务合同，业主分别与多个施工单位签订所有的工程施工合同。其合同关系和协调管理关系如图 8-2 所示。图中 C 表示施工单位，S 表示材料设备供应单位。CM 模式中，CM 单位对设计单位没有指令权，只能向设计单位提出一些合理化建议，因而 CM 单位与设计单位之间是协调关系。这一点同样适用于非代理型 CM 模式。这也是 CM 模式与全过程建设项目管理的重要区别。

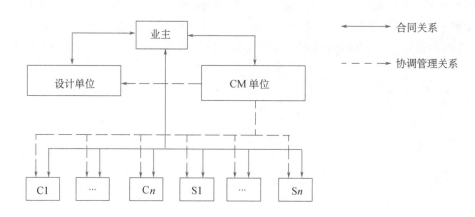

图 8-2　代理型 CM 模式的合同关系和协调管理关系

代理型 CM 模式中的 CM 单位通常由具有较丰富的施工经验的专业 CM 单位或咨询单位担任。

② 非代理型 CM 模式　又称为风险型 CM 模式。采用非代理型 CM 模式时,业主一般不与施工单位签订工程施工合同,但也可能在某些情况下,对某些专业性很强的工程内容和工程专用材料、设备,业主与少数施工单位和材料、设备供应单位签订合同。业主与 CM 单位所签订的合同既包括 CM 服务的内容,也包括工程施工承包的内容。而 CM 单位则与施工单位和材料、设备供应单位签订合同。其合同关系和协调管理关系如图 8-3 所示。图中,CM 单位与施工单位之间似乎是总分包关系,但实际上却与总分包模式有本质的不同。第一,虽然 CM 单位与各个分包商直接签订合同,但 CM 单位对各分包商的资格预审、招标、议标和签约都对业主公开并必须经过业主的确认才有效。第二,由于 CM 单位介入工程时间较早(一般在设计阶段介入)且不承担设计任务,所以 CM 单位并不向业主直接报出具体数额的价格,而是报 CM 费,至于工程本身的费用则是今后 CM 单位与各分包商、供应商的合同价之和。也就是说,CM 合同价由以上两部分组成,但在签订 CM 合同时,该合同价尚不是一个确定的具体数据,而主要是确定计价原则和方式,本质上属于成本加酬金合同的一种特殊形式。

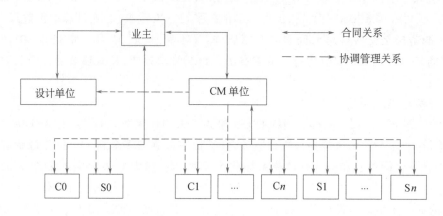

图 8-3　非代理型 CM 模式的合同关系和协调管理关系

非代理型 CM 模式中的 CM 单位通常是由从过去的总承包商演化而来的专业 CM 单位或总承包商担任。

（3）CM 模式的适用情况

从 CM 模式的特点来看，在以下几种情况下尤其能体现出它的优点：

① 设计变更可能性较大的建设工程　某些建设工程，即使采用传统模式即等全部设计图纸完成后再进行施工招标，在施工过程中仍然会有较多的设计变更（不包括因设计本身缺陷引起的变更）。在这种情况下，传统模式利于投资控制的优点体现不出来，而 CM 模式则能充分发挥其缩短建设周期的优点。

② 时间因素最为重要的建设工程　某些建设工程的进度目标可能是第一位的，如生产某些急于占领市场的产品的建设工程。如果采用传统模式组织实施，建设周期太长，虽然总投资可能较低，但可能因此而失去市场，导致投资效益降低甚至很差。

③ 因总的范围和规模不确定而无法准确定价的建设工程　这种情况表明业主的前期项目策划工作做得不好，如果等到建设工程总的范围和规模确定后再组织实施，持续时间太长。因此，可采取确定一部分工程内容即进行相应的施工招标，从而选定施工单位开始施工。但是，由于建设工程总体策划存在缺陷，因而 CM 模式应用的局部效果可能较好，而总体效果可能不理想。

美国建筑师学会（AIA）和美国总承包商联合会（AGC）于 20 世纪 90 年代初共同制定了 CM 标准合同条件。但是，FIDIC 等合同条件体系至今尚没有 CM 标准合同条件。CM 模式在 20 世纪 90 年代进入我国之后，得到了一定程度上的应用，如上海证券大厦建设项目、深圳国际会议中心建设项目等。

3. EPC 模式

（1）EPC 模式的概念

EPC 为英文 engineering-procurement-construction 的缩写，有将其翻译为"设计-采购-建造"，也有简单称作"EPC 总承包模式"的。将 engineering 一词简单地译为"工程"或者"设计"都不太恰当，因为 engineering 一词的含义极其丰富，在 EPC 模式中，它不仅包括具体的设计工作（design），而且可能包括整个建设工程内容的总体策划以及整个建设工程实施组织管理的策划和具体工作。

与项目总承包（DB）模式相比，其不同点在于：

① EPC 模式将承包（或服务）范围进一步向建设工程的前期延伸，业主只要大致说明一下投资意图和要求，其余工作均由 EPC 承包单位来完成。

② EPC 的工作范围一般大于 DB，通常包含了项目的基本设计、详细设计、采购、施工、冷负荷试车、热负荷试车，在有些时候还向前延伸至方案设计，向后延伸至性能考核。甚至可将 EPC 等同于交钥匙承包。DB 适用于房屋建筑工程或者土木工程，而 EPC 适用于工业工程。

③ DB 模式中的大多数材料和工程设备原则上是由项目总承包单位采购，但业主可能保留对部分重要工程设备和特殊材料的采购权。EPC 模式在名称上突出了采购，表明材料和工程设备的采购完全由 EPC 承包单位负责。

EPC 模式于 20 世纪 80 年代首先在美国出现，得到了那些希望尽早确定投资总额和建设周期（尽管合同价格可能较高）的业主的青睐，在国际工程承包市场中的应用逐渐扩大。

FIDIC 于 1999 年编制了标准的 EPC 合同条件,推动了 EPC 模式的应用。

（2）EPC 模式的特征

与建设工程组织管理的其他模式相比,EPC 模式有以下几方面基本特征:

① 承包商承担大部分风险　在传统模式条件下,业主与承包商的风险分担大致对等。而在 EPC 模式下,由于承包商的承包范围包括设计,因而很自然地要承担设计风险。此外,在其他模式中均由业主承担的"一个有经验的承包商不可预见且无法合理防范的自然力的作用"的风险,在 EPC 模式中也由承包商承担。这是一类较为常见的风险,一旦发生,一般都会引起工程费用增加和工期延误。在其他模式中承包商对此所享有的索赔权在 EPC 模式中不存在。这无疑大大增加了承包商在工程实施过程中的风险。

② 业主或业主代表管理工程实施　在 EPC 模式条件下,业主不聘请"工程师"(即我国的监理工程师)来管理工程,而是自己或委派业主代表来管理工程。管理也较为宽松,不太具体和深入。例如,对承包商所应提交的文件仅仅是"审阅",而在其他模式则是"审阅和批准";对工程材料、工程设备的质量管理,虽然也有施工期间检验的规定,但重点是在竣工检验,必要时还可能做竣工后检验。

③ 总价合同　总价合同并不是 EPC 模式独有的,只不过 EPC 合同更接近于固定总价合同(若法规变化仍允许调整合同价格)。通常,在国际工程承包中,固定总价合同仅用于规模小、工期短的工程。而 EPC 模式所适用的工程一般规模均较大、工期较长,且具有相当的技术复杂性。这是 EPC 模式与同样是采用总价合同的项目总承包模式的重要区别。

（3）EPC 模式的适用条件

由于 EPC 模式具有上述特征,因而应用这种模式需具备以下条件:

① 在招标阶段,业主应给予投标人充分的资料和时间,以便投标人能够深入详细地了解工程的目的、范围、设计标准和其他技术要求,在此基础上进行工程前期的规划设计、风险分析和评价以及估价等工作,向业主提交一份技术先进可靠、价格和工期合理的投标书。EPC 模式的建设工程所包含的地下隐蔽工作不能太多。否则,承包商就难以判定具体的工程量,只能在报价中以估计的方法增加适当的风险费,难以保证报价的准确性和合理性,最终不是损害业主就是损害承包商的利益。

② 业主或业主代表不能过分地干预承包商的工作,从质量控制的角度考虑,应突出对承包商过去业绩的审查,尤其是在其他采用 EPC 模式的工程上的业绩(如果有的话),并注重对承包商投标书中技术文件的审查以及质量保证体系的审查。

③ 由于采用总价合同,因而工程的期中支付款应由业主直接按照合同规定支付,而不是像其他模式那样先由工程师审查工程量和承包商的结算报告,再决定和签发支付证书。

如果业主在招标时不满足上述条件或不愿接受其中某一条件,则该建设工程就不能采用 EPC 模式。在这种情况下,FIDIC 建议采用工程设备和"设计－建造"合同条件即新黄皮书。

4. Partnering 模式

（1）Partnering 模式的概念

Partnering 模式于 20 世纪 80 年代中期首先在美国出现,1984 年,壳牌(Shell)石油公司与 SIP 工程公司签订了被美国建筑业协会(CII)认可的第一个真正的 Partnering 协议。1988 年,美国陆军工程公司(ACE)开始采用 Partnering 模式并应用得非常成功。1992 年,美国陆军工程公司规定在其所有新的建设工程上都采用 Partnering 模式,从而大大促进了 Partnering 模式的发展。到 20 世纪 90 年代中后期,Partnering 模式的应用已逐渐扩大到英国、澳大利亚、新加坡、中国香港等国家和地区,越来越受到建筑工程界的重视。

Partnering 一词要准确地译成中文相当困难,我国大陆有学者将其译为伙伴关系,中国台湾学者则将其译为合作管理,相对而言,译成"合作管理"显得贴切一些。

此外,对 Partnering 模式的定义也相当困难,一般地,Partnering 模式意味着业主与建设工程参与各方在相互信任、资源共享的基础上达成一种短期或长期的协议,在充分考虑参与各方利益的基础上确定建设工程的共同目标,建立工作小组,及时沟通以避免争议和诉讼的产生,相互合作,共同解决建设工程实施过程中出现的问题,共同分担工程风险和有关费用,以保证参与各方目标和利益的实现。

（2）Partnering 协议

Partnering 协议一般都是围绕建设工程的三大目标以及工程变更管理、争议和索赔管理、安全管理、信息沟通和管理、公共关系等问题做出相应的规定,而这些规定都是有关合同中没有或无法详细规定的内容。Partnering 协议并不仅仅是业主与施工单位双方之间的协议,而需要建设工程参与各方共同签署,包括业主、总包商或主包商、主要的分包商、设计单位、咨询单位、主要的材料设备供应单位等,Partnering 协议没有确定的起草方,必须经过参与各方的充分讨论后确定该协议的内容,经参与各方一致同意后共同签署。

由于 Partnering 模式出现的时间还不长,应用范围也比较有限,因而到目前为止尚没有标准、统一的 Partnering 协议的格式,其内容往往也因具体的建设工程和参与者的不同而有所不同。

（3）Partnering 模式的特征

① 出于自愿　在 Partnering 模式中,参与的有关各方必须是完全自愿,在认识上统一,在行动上采取合作和信任的态度,愿意共同分担风险和有关费用,共同解决问题和争议。

② 高层管理的参与　Partnering 模式的实施需要突破传统的观念和传统的组织界限,因而建设工程参与各方的高层管理者必须参与并在相互之间达成共识,是成功的关键因素。

③ Partnering 协议不是法律意义上的合同　Partnering 协议与工程合同是两个完全不同的文件。在工程合同签订后,建设工程参与各方经过讨论协商后才会签署 Partnering 协议。该协议并不改变参与各方在有关合同规定范围内的权利和义务关系,参与各方对有关合同规定的内容仍然要切实履行。Partnering 协议主要确定了参与各方在建设工程上的共同目标、任务分工和行为规范,是工作小组的纲领性文件。该协议的内容也不是一成不变的,当有新的参与者加入时,或某些参与者对协议的某些内容有意见时,都可以召开会议经过讨论对协议内容进行修改。

④ 信息的开放性　Partnering 模式强调资源共享,信息作为一种重要的资源对于参与各方必须公开。同时,参与各方要保持及时、经常和开诚布公的沟通,在相互信任的基础上,要保证工程的设计资料、投资进度、质量等信息能被参与各方及时、便利地获取。

（4）Partnering 模式的适用情况

Partnering 模式总是与建设工程组织管理模式中的某一种模式结合使用的,较为常见的情况是与总分包模式、项目总承包模式、CM 模式结合使用。这表明,Partnering 模式并不能作为一种独立存在的模式。从 Partnering 模式的实践情况来看,并不存在什么适用范围的限

制。但是,Partnering 模式的特点决定了它特别适用于以下几种类型的建设工程:

①　业主长期有投资活动的建设工程　比较典型的有扩大型房地产开发项目,商业连锁建设工程,代表政府进行基础设施建设投资的业主的建设工程等。长期有连续的建设工程是长期合作的基础,从而可以签订长期的 Partnering 协议。

②　不宜采用公开招标或邀请招标的建设工程　如军事工程、涉及国家安全或机密的工程、工期特别紧迫的工程等。在这些建设工程,相对而言,投资一般不是主要目标,重要的是业主与施工单位之间形成共同的目标,并且有良好的合作关系。

③　复杂的不确定因素较多的建设工程　在这类建设工程上采用 Partnering 模式,可以充分发挥其优点,能协调参与各方之间的关系,有效避免和减少合同争议,避免仲裁或诉讼,较好地解决索赔问题,从而更好地实现建设工程参与各方共同的目标。

④　国际金融组织贷款的建设工程　按贷款机构的要求,这类建设工程一般应采用国际公开招标(或称国际竞争性招标),常有外国承包商参与,合同争议和索赔经常发生而且数额较大。采用 Partnering 模式容易被外国承包商所接受并较为顺利地运作,从而可以有效地防范和处理合同争议和索赔,避免仲裁或诉讼,较好地控制建设工程的目标。当然,在这类建设工程上,一般是针对特定的建设工程签订 Partnering 协议而不是签订长期的 Partnering 协议。

5. Project Controlling 模式

(1) Project Controlling 模式的概念

Project Controlling 模式一般译作"项目总控"模式,简称"PC"模式,是指以独立和公正的方式,对项目实施活动进行综合协调,围绕项目投资、进度和质量目标进行综合系统规划,以使项目的实施形成一种可靠安全的目标控制机制。它通过对项目实施的所有环节的全过程进行调查、分析、建议和咨询,提出对项目的实施切实可行的建议实施方案,供项目的管理层决策。

项目总控是在项目总承包管理(project management)模式基础上结合企业控制论(controlling)发展起来的,以现代信息技术为手段,对大型建设工程信息进行收集、加工和传输,用经过处理的信息流指导和控制项目建设的物质流,支持项目最高决策者进行规划、协调和控制的管理模式。

Project Controlling 模式于 20 世纪 90 年代中期在德国首次出现并形成相应的理论。Peter Greiner 博士首次提出了 Project Controlling 模式,并将其成功应用于德国统一后的铁路改造和慕尼黑新国际机场等大型建设工程。

Project Controlling 模式是适应大型和特大型建设工程业主高层管理人员决策需要而产生的,是工程咨询和信息技术相结合的产物。大型建设工程的实施过程中,一方面形成工程的物质流;另一方面,在建设工程参与各方之间形成信息传递关系,即工程的信息流。建设工程业主方的管理人员对工程目标的控制实际上就是通过及时掌握信息流来了解工程物质流的状况,从而进行多方面策划和控制决策,使工程的物质流按照预定的计划进展,最终实现建设工程的总体目标。所以,Project Controlling 模式的核心就是以工程信息流处理的结果指导和控制工程的物质流。

项目总控方实质上是建设工程业主的决策支持机构。项目总控模式,不是一种独立的模式,往往与其他管理模式同时并存。国际上已有多个大型建设工程应用项目总控取得成功。

（2）Project Controlling 模式的特点

① 为业主提供决策支持 项目总控单位主要负责全面收集和分析项目建设过程中的有关信息，不对外发任何指令，对设计、监理、施工和供货单位的指令仍由业主下达。项目总控工作的成果是采用定量分析的方法为业主提供多种有价值的报告（包括月报、季报、半年报、年报和各类专用报告等），对业主决策形成非常有力的支持。

② 总体性管理与控制 项目总控注重项目的战略性、总体性和宏观性。战略性是指对项目长远目标和项目系统之外的环境因素进行策划和控制。长远目标就是从项目全寿命周期集成化管理出发，充分考虑项目运营期间的要求和可能存在的问题，为业主在项目实施期的各项重大问题提供全面的决策信息和依据，并充分考虑环境给项目带来的各种风险，进行风险管理。所谓总体性就是注重项目的总体目标、全寿命周期、项目组成总体性和项目建设参与单位的总体性。所谓宏观性就是不局限于某个枝节问题，而是高瞻远瞩，预测项目未来将要面临的困难，及早提出应对方案。

③ 关键点及界面控制 项目总控的过程控制方法体现了抓重点，项目总控的界面控制方法体现了重综合、重整体。过程控制和界面控制既抓住了过程中的关键问题，也能够掌握各个过程之间的相互影响和关系，这两方面的有机结合有利于加强各个过程进度、投资和质量的重要因素策划与控制，有利于管理工作的前后一致和各方面因素的综合，以作出正确决策。

项目总控、项目管理、建设工程监理三者在面向对象、工作内容、工作方式以及人员数量和知识结构方面的要求对比见表8-1。

表8-1 项目总控、项目管理、建设工程监理的对比

分类	面向对象	工作内容	工作方式	人员数量	知识结构
项目总控	业主方的决策层	决策支持（宏观策划与控制）	信息处理和分析		
项目管理	业主方的管理层	项目全过程、全方位的目标管理（实务策划与控制）	着重内业工作 项目组织与管理的实施及具体操作		
建设工程监理	直接面向施工和供货单位	目前主要是施工质量目标与安全的管理	施工现场值班型管理		

6. 其他建设项目管理模式

在国际工程承包中，还有其他一些管理模式，如 BOT、PFI、PPP 等，这些模式的出发点更主要是从建设项目融资的角度产生的。

（1）BOT 模式

BOT（build-operate-transfer）模式译作"建造-运营-移交"模式。由土耳其总理土格脱·奥扎尔于 1984 年首次提出。当时，项目融资在全球范围内处于低潮阶段，一方面，有大量的资本密集型项目，特别是发展中国家的基础设施项目在寻找资金，但是另一方面，由于

世界性的经济衰退和第三世界债务危机所造成的影响,如何增加项目抗政治风险、金融风险、债务风险的能力,如何提高项目的投资收益和经营管理水平,又成为银行、项目投资者、项目所在国政府在安排融资时所必须面对和解决的问题。BOT模式就是在这样的背景下发展起来的一种主要用于公共基础设施建设的项目融资模式。BOT模式的基本思路是:由项目所在国政府或所属机构为项目的建设和经营提供一种特许权协议作为项目融资的基础,由本国公司或者外国公司作为项目的投资者和经营者安排融资,承担风险,开发建设项目,并在有限的时间内经营项目获取商业利润,最后根据协议将该项目转让给项目所在国的政府机构。

(2)PFI模式

PFI(private fin ance initiative)模式,即"私人主动融资",由英国政府于1992年提出,其含义是公共工程项目由私人资金启动,投资兴建,政府授予私人委托特许经营权,通过特许协议,政府和项目的其他各参与方之间分担建设和运作风险。它是在BOT之后又一优化和创新了的公共项目融资模式。政府采用PFI模式目的在于获得有效的服务,而并非旨在最终的建筑的所有权。在PFI模式下,公共部门在合同期限内因使用承包商提供的设施而向其付款。在合同结束时,有关资产的所有权或者留给私人部分承包商,或者交回公共部分,取决于原始合同条款规定。

(3)PPP模式

PPP(private public partnership)模式,称作"国家私人合营公司"模式,是国际上新近兴起的一种新型的政府与私人合作建设城市基础设施的形式。其典型的形式为:政府部门或地方政府通过政府采购形式与中标单位组成的特殊目的公司(特殊目的公司一般由中标的建筑公司、服务经营公司或对项目进行投资的第三方组成的股份有限公司),签订特许合同,由特殊目的公司负责筹资、建设及经营。政府通常与提供贷款的金融机构达成一个直接协议,这个协议不是对项目进行担保的协议,而是一个向借贷机构承诺将按与特殊目的公司签订的合同支付有关费用的协定,这个协议使特殊目的公司能比较顺利地获得金融机构的贷款。采用这种融资形式的实质是:政府通过给予私营公司长期的特许经营权和收益权来换取基础设施加快建设及有效运营。PPP模式的优点之一在于:在项目初始阶段,私人企业与政府共同参与项目的识别、可行性研究、设施和融资等项目建设过程,保证了项目在技术和经济上的可行性,缩短了前期工作周期,使项目费用降低。

7. 国外工程项目管理模式的特点及发展趋势

纵观国外工程项目管理的新模式,可以看出如下特点和发展趋势:

(1)投资方追求的目标更着重于投资的效益和效率

由于投资方更注重投资的效益和效率,反映在国际上项目管理的趋势是把一个工程建设项目、多个行为主体、为着各自的效益目标,在矛盾制约的交织中高成本、低效率推进项目建设的格局,通过不同的项目管理模式整合成一个工程建设项目、一个承包人法人主体,在基本一致的经济利益目标驱动下,尽可能低成本、高效率推进项目建设的格局。

(2)传统的设计、施工、咨询分离型建设项目主体正在朝着整合型项目管理公司的方向发展

作为承包方的这种发展趋势,一个值得注意的倾向就是传统"独立""公正"的"第三方"——咨询工程师——的地位正在被淡化,或者作为业主的代表,或者融入项目管理公司,

去对工程进行投资、质量和进度的控制。

（3）传统的承发包双方利益对立的合同关系在朝着建立合作伙伴关系的方向发展

传统观点认为工程承发包双方的利益必然是对立的，必须由第三方工程师独立、公平、公正地执行合同。而国际上项目管理新模式却反映出寻求双方共同利益，建立合作伙伴关系，协同工作，互信互惠的趋势。工程合同模式也开始出现从"对抗型"转向"合作型"，思维模式从"如何解决发生的问题"转向"如何合作实现合同目标"的倾向。

8.3 我国建设监理制度的发展

1. 我国建设工程项目管理模式的发展

（1）建设项目总承包模式

我国对项目管理的研究和实践起步较晚，真正称得上项目管理的开始是 1982 年利用世界银行贷款建设鲁布革水电站，其先进的管理经验引发了我国施工管理体制的改革。1984 年首先采用项目国际招标，既缩短了工期，又降低了造价，取得了明显的经济效益；同时在有色、能源等系统的设计单位进行工程设计改革和工程总承包试点。1987 年，国家又对开展工程总承包提出了若干具体要求，批准开展试点工作；确定了施工管理体制改革的总目标，并批准了 EPC 全过程总承包试点。1999 年，国家明确了国际型工程公司的基本特征和条件，提出要将有条件的工程设计单位创建成为具有 EPC 总承包能力的国际型工程公司，并制定了相应的政策与措施。2000 年 1 月开始，我国正式实施《中华人民共和国招标投标法》，为我国项目总承包管理的健康发展提供了法律保障。2003 年 2 月，建设部为了进一步推动工程建设项目组织实施方式的改革，出台了相关文件，要求各地鼓励具有勘察、设计或施工总承包资质的企业通过改革和重组，建立与工程总承包业务相适应的组织机构和项目管理体系，打破行业界限，允许勘察、设计、施工、监理等企业按规定申领取得其他相应资质等九条措施来培育和发展项目总承包管理。

总承包模式因能提供社会化、专业化和商品化的服务，比传统模式具有更多优势，既合理利用了社会资源又引入了市场竞争机制，一方面强化了投资风险约束机制，分散了项目法人的风险，减轻项目法人的工作量，克服了设计、采购、施工等相互制约和脱节的矛盾，使这些环节有机地组织在一起，整体统筹安排，既节省了投资，又提高了工程建设管理水平。20 世纪 90 年代后期，中国石化北京石油化工工程公司曾对大连、长岭、福建、武汉、荆门和九江六套聚丙烯项目实行工程总承包，与国内同规模聚丙烯项目相比，40 个月的工期缩短至 25 个月左右，投资额从 0.95 亿~1.2 亿元/吨节省至 0.7 亿元/吨，在确保工程质量的前提下真正实现了缩短工期、降低造价，效果显著，受到业主的一致好评。又如上海建工集团采用设计-施工总承包管理（DB）模式建设上海金茂大厦也已获成功。

（2）代建制

2003 年 12 月 31 日，国务院常务会议原则性通过了《投资体制改革方案》，该方案中提出："对非经营性政府投资项目加快实行'代建制'，即通过招标等方式，选择专业化的项目管理单位负责建设实施，严格控制项目投资、质量、工期，建成后移交给使用单位。"

长期以来，政府投资建设项目容易"超投资、超规模、超标准"，除了建设单位管理经验不足这个浅层因素外，关键是缺乏有效的投资约束机制。项目建设单位、施工单位及其他与项目有关的利益群体都是"三超"的受益群体。

政府投资项目"代建制",是指政府投资项目经过规定的程序,委托有相应资质的工程管理公司或具备相应工程管理能力的其他企业,代理投资人或建设单位组织和管理项目的建设。由政府选择有资质的项目管理公司,作为项目建设期法人,全权负责项目建设全过程的组织管理,促使政府投资工程"投资、建设、管理、使用"的职能分离,通过专业化项目管理最终达到控制投资、提高投资效益和管理水平的目的。

　　代建制与项目总承包以及项目管理模式的突出区别在于:代建单位具有项目建设阶段的法人地位,拥有法人权利(包括在业主监督下对建设资金的支配权),同时承担相应的责任(包括投资保值责任)。而不论总承包商,还是项目管理企业都不具备项目法人地位,从而无法行使全部权利并承担相应责任。因而,项目使用单位无法从项目建设中超脱出来。

2. 我国建设工程项目监理制度现状与发展

　　我国自 1988 年推行工程监理制度以来,一方面,确实在保证建筑工程质量方面起到了巨大的作用,有效地遏制了建筑工程质量下滑的趋势。随着我国改革开放力度的不断加深,市场经济体制也进一步建立和完善,其需求市场也正在逐渐成熟和完善,并逐步在各行各业推广开来。目前,我国工程监理范围基本涵盖了建设工程的各个领域。同时,随着监理业的发展,逐渐出现了第三方检测、施工监测与控制等监理形式,使得工程监理形式逐步多元化,并在我国工程建设中起着越来越重要的角色。但另一方面,工程监理发展至今,也出现了一些问题。

　　① 工程监理取费低,经济效益差。与国外的咨询公司相比较,我国监理取费低下。欧洲发达国家的工程咨询业取费一般是工程总造价的 3%～5%,我国监理业取费仅为工程建筑安装费的 1%～2%。监理取费低的现状使得监理人员的数量和质量不能满足监理工作的需求,监理人员不到岗,工作积极性低、成效差,业务水平及工作态度有待提高等问题,直接制约着工程监理工作整体水平的提高,从而存在工程监理经济效益与社会效益较差的状况。

　　② 工程监理市场不规范。从业人员结构混乱,很多非专业人员参与到工程监理行业中。注册执业人员尤其是注册监理工程师数量仍达不到监理市场的真实需求。致使监理行业中出借、买卖、租赁和挂靠资质、资格的状况依然存在,甚至有转让监理业务的状况。

　　③ 工程监理的监督管理有待加强。虽然我国推行工程监理制度时间较长,法律法规、部门规章等制度较健全,但在实际工作中监管措施依然欠缺。特别是有些工程项目较为偏远的地区,存在无人监管的死角,导致工程项目的质量管理失控,严重影响后期工程的使用。某些地方的监管人员精力不足,监管成效差,力度严重不够。

　　随着经济全球化和科学技术的发展,建设项目的规模越来越大,内容越来越复杂,技术要求越来越高,涉及行业也越来越广。传统模式日益显示出其勘察、设计、采购、施工各主要环节之间互相分割与脱节,建设周期长,效率低,投资效益差等缺陷。建设监理制,主要维系在施工过程的质量监控环节,仍然没能从根本上解决建设项目的投资效率和效益的问题。

　　随着项目总承包模式和代建制的推行,现行的仅在施工阶段主要进行质量监控的建设监理制度,势必面临市场的挑战,因为项目管理公司和代建单位本身就是社会专业化项目管理单位,一般不需要监理单位介入。

　　随着项目总承包模式和代建制的推行,现行的仅在施工阶段主要进行质量监控的建设监理制度,势必面临市场的挑战,因为项目管理公司和代建单位本身就是社会专业化项目管理单位,一般不需要监理单位介入。

在这种形势下,为了适应我国投资体制改革和建设项目组织实施方式改革的需要,提高工程建设管理水平,增强工程监理单位的综合实力及国际竞争力。2008年,住建部发出了《关于大型工程监理单位创建工程项目管理企业的指导意见》(建市〔2008〕226号),明确指出:

工程项目管理企业是以工程项目管理专业人员为基础,以工程项目管理技术为手段,以工程项目管理服务为主业,具有与提供专业化工程项目管理服务相适应的组织机构、项目管理体系、项目管理专业人员和项目管理技术,通过提供项目管理服务,创造价值并获取利润的企业。工程项目管理企业应具备以下基本特征:

① 具有工程项目投资咨询、勘察设计管理、施工管理、工程监理、造价咨询和招标代理等方面的能力,能够在工程项目决策阶段为业主编制项目建议书、可行性研究报告,在工程项目实施阶段为业主提供招标管理、勘察设计管理、采购管理、施工管理和试运行管理等服务,代表业主对工程项目的质量、安全、进度、费用、合同、信息、环境、风险等方面进行管理。根据合同约定,可以为业主提供全过程或分阶段项目管理服务。

② 具有与工程项目管理服务相适应的组织机构和管理体系,在企业的组织结构、专业设置、资质资格、管理制度和运行机制等方面满足开展工程项目管理服务的需要。

③ 掌握先进、科学的项目管理技术和方法,拥有先进的工程项目管理软件,具有完善的项目管理程序、作业指导文件和基础数据库,能够实现工程项目的科学化、信息化和程序化管理。

④ 拥有配备齐全的专业技术人员和复合型管理人员构成的高素质人才队伍。配备与开展全过程工程项目管理服务相适应的注册监理工程师、注册造价工程师、一级注册建造师、一级注册建筑师、勘察设计注册工程师等各类执业人员和专业工程技术人员。

⑤ 具有良好的职业道德和社会责任感,遵守国家法律法规、标准规范,科学、诚信地开展项目管理服务。

由此可见,我国的监理企业应转换成工程项目管理公司或工程咨询公司,才能与国际工程项目管理的发展同步接轨。其具体方式可以考虑与设计咨询企业、造价咨询企业、招标代理企业等工程咨询中介机构合并,通过资金参股、控股等方式使合并的各企业成为紧密的利益结合体,提高企业的规模实力,建立股份制的工程项目管理公司;或者监理企业采取吸纳其他相关人才,如建筑师、结构工程师、造价工程师、招标代理专业人员以及法律人才等,使得监理企业有实力从事工程项目管理全方位工作,把业务范围从施工质量控制扩展到包括设计咨询、造价咨询、合同管理、招标代理等全过程的项目管理工作。

总之,监理企业向项目管理企业转型,是建设工程项目管理发展的必然趋势,但这并不意味着工程监理制度的消亡。项目管理企业更需要高素质、复合型的监理和项目管理人才,才能适应建设工程项目管理的发展和要求。

思考题

1. 简述建设项目管理的类型。

2. 咨询工程师应具备哪些素质？

3. 简述工程咨询公司的服务对象和内容。

4. 简述 CM 模式的类型和适用情况。

5. 简述 EPC 模式的特征和适用条件。

6. 简述 Partnering 模式的特点、要素和适用情况。

7. 简述 Project Controlling 模式的特征和适用条件。

参 考 文 献

［1］中国建设监理协会.建设工程监理相关法规文件汇编［M］.北京:知识产权出版社,2003.

［2］黄如宝.建设工程监理概论［M］.北京:知识产权出版社,2003.

［3］邓铁军.土木工程建设监理［M］.武汉:武汉理工大学出版社,2003.

［4］王军.建设工程监理概论［M］.北京:机械工业出版社,2003.

［5］张毅.工程建设质量监督［M］.2 版.上海:同济大学出版社,2003.

［6］程冬,李毅.监理工程师知识问答［M］.北京:机械工业出版社,2003.

［7］杜逸玲.监理工程师手册［M］.太原:山西科学技术出版社,2003.

［8］俞宗卫.监理工程师实用指南［M］.北京:中国建材工业出版社,2004.

［9］陈柳钦.国际工程大型投资项目管理模式探讨［EB/OL］.［2004－11－07］.http://www.xslx.com/htm/jjlc/glkx/2004－11－07－17667.htm.

［10］黎广军.21 世纪国际工程合同的发展趋势——反思中国工程合同的发展趋势［EB/OL］.［2006－9－19］.http://www.law-lib.com/lw/lw_view.asp? no＝7587.

［11］黄如宝.FIDIC 合同条件体系的最新发展［EB/OL］.http://lylikun.go3.icpcn.com/zjlw013.htm.

［12］徐伟,金福安,陈东杰,等.建设工程监理规范实施手册［M］.北京:中国建筑工业出版社,2014.

［13］斯庆.建设工程监理［M］.北京:北京大学出版社,2015.

［14］汪迎红.建筑工程监理概论［M］.北京:人民交通出版社,2016.

［15］中国建设监理协会.建设工程监理概论［M］.北京:中国建筑工业出版社,2020.